자연과학시리즈

3

퀴즈 화학의 역사

정 완 상 지음

KYOWOOSA 교우사

머리말

전기에 대한 연구는 누가 처음 시작했고 어떻게 발전했을까? 우리 주위의 기체는 누가 발견했을까? 세포는 누가 발견했는가? 아마도 이런 호기심을 가진 사람들이 많을 것입니다. 그래서 이 시리즈에는 과학의 역사를 더듬어 보았습니다.

이 시리즈는 기존의 다른 과학의 역사에 관한 책들보다 퀴즈로 되어 있어 문제를 풀어볼 수 있다는 장점이 있습니다. 문제를 풀어 나가면서 물리, 화학, 생물, 지구과학, 천문학의 역사에 대해 자신이 얼마나 알고 있는가를 가늠해 볼 수 있습니다. 이 시리즈에 나오는 과학자들은 과학사의 영웅들입니다. 이런 영웅들의 업적을 통해 과학자들이 얼마나 위대한 지를 독자들이 느낄 수 있었으면 하는 것이 저자의 소망입니다.

이 책은 미래의 과학자를 꿈꾸는 청소년들, 과학에 대한 상식을 풍부하게 지니고 싶어 하는 일반인, 또한 퀴즈 프로그램에서 좋은 결과를 내고 싶어 하는 사람에게 좋은 도움이 될 것입니다.

저자는 KAIST에서 이론물리학을 하고 대학에 와서 물리학과 수학을 가르쳐 왔습니다. 그래서 그동안 대학에서 연구한 내용과 강의했던 내용을 토대로 이 책을 집필하게 되었습니다. 저자는 2011년 EBS에서 과학의 역사에 대한 스무 번의 강의를 하면서 과학의 역사를 정리하고 싶었습니다. 교우사에서 이 시리즈를 긍정적으로 생각해주셔서 이 시리즈가 나오게 되었습니다. 이번 시리즈를 만들면서 저자 본

인도 과학의 역사를 좀 더 알 수 있었고, 전에는 알지 못했던 새로운 과학자에 대해서도 알게 되어 즐거웠습니다.

끝으로 이 책을 출간할 수 있도록 배려하고 격려해준 교우사의 식구들에게 감사를 드립니다. 이 책의 자료 정리에 도움을 준 대학원생들에게도 감사를 드립니다.

진주에서
정완상

CONTENTS

퀴즈 화학의 역사

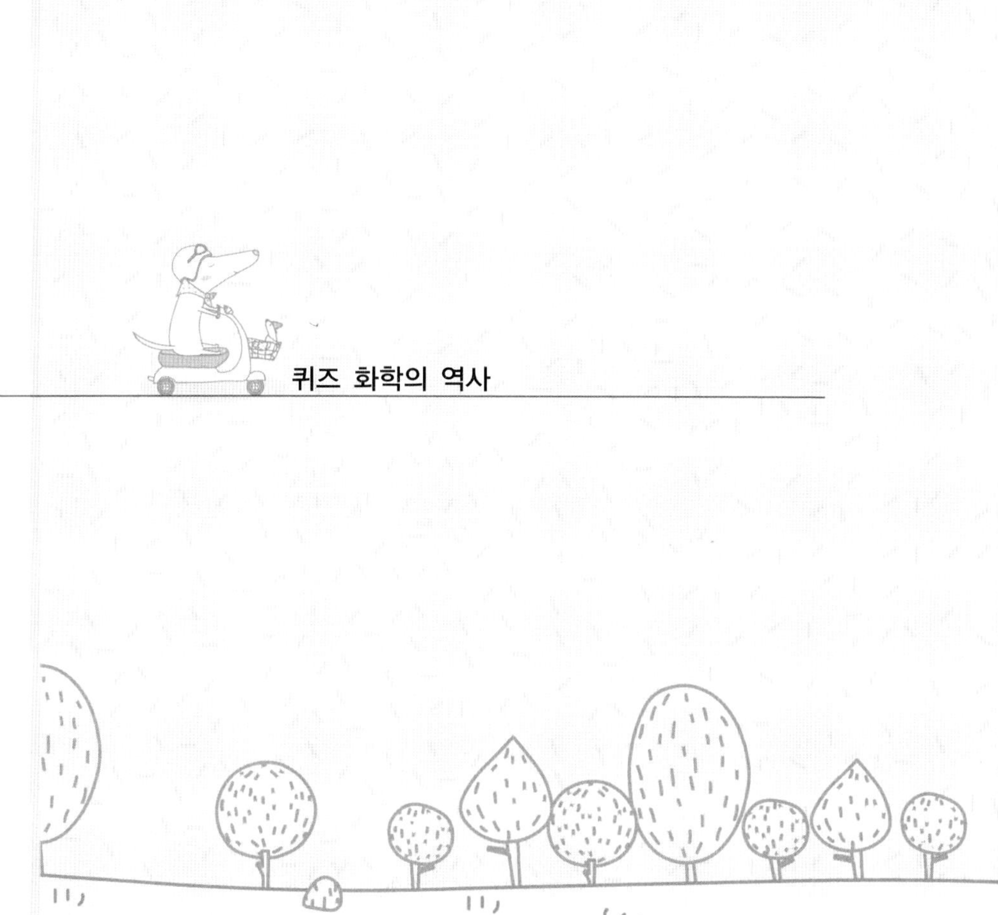

제 1 부

고대그리스의 물질론 및 연금술

QUIZ 01

광석으로부터 최초로 얻은 금속은 무엇인가?

해설 구리가 어떻게 얻어졌는지는 정확히 알려져 있지 않지만 아마도 불을 피우기 위한 아궁이를 만들던 중 들어간 염기성 탄산구리가 가열되면서 구리가 얻어졌을 것으로 추측한다. 기원전 4천년 경에는 구리와 납이 이집트와 메소포타미아에서 사용되었고 기원전 3천년 경에는 구리와 주석의 합금인 청동이 최초로 사용되었다.

QUIZ 02

화학을 나타내는 영어 단어는 chemistry이다. 이 단어는 alchemy로부터 유래되었는데 alchemy는 무슨 뜻인가?

해설 alchemy는 정관사 'al'과 'chemy'가 합쳐진 말로 연금술이라고 부른다. 화학은 바로 연금술로부터 유래되었다. 연금술은 인간의 생로병사의 근원과 우주의 원리를 찾는 학문으로 시작되어 광석에서 금속을 골라내는 기술인 야금술로 발전했다. 야금술을 통해 여러 가지 금속이 얻어졌는데 이것이 화학의 시작이다.

ANSWER

01 구리 02 연금술

QUIZ 03

고대 그리스의 철학자 탈레스(기원전 624-546)는 이 세상의 모든 사물이 기본원소로 이루어져 있다고 주장했다. 탈레스가 주장한 기본원소는 무엇인가?

해설 물질을 이루는 가장 기본이 되는 것은 무엇일까? 이 문제를 처음으로 심각하게 고민한 사람은 고대 그리스의 식민지인 밀레투스의 과학자 탈레스이다.

탈레스는 이 세상의 모든 사물이 공통의 원소로 이루어져 있다고 생각했고 이것을 기본원소라고 불렀다 그가 생각한 기본원소는 물이었다.

탈레스가 살았던 밀레투스는 지중해 연안에 있고 따뜻한 기온 때문에 대부분의 사람들이 농사를 지으며 살았다.

ANSWER

03 물

탈레스는 농사를 짓는 데 있어 물이 얼마나 중요한 지를 어릴 때부터 알고 있었고 그래서 물이 우주의 모든 사물을 이루는 기본원소라고 생각했다.
탈레스는 이 세상에는 물렁물렁한 물질도 있고 단단한 물질도 있고 연기처럼 하늘로 날아 올라가는 물질도 있다고 생각했다. 그는 물질이 이렇게 서로 다른 모습을 띠고 있는 것은 물이 세 가지의 모습을 가지고 있기 때문이라고 여겼다.
물은 추워지면 얼음처럼 딱딱한 성질을 갖고 평상시에는 냇물처럼 흐르는 성질을 갖고 뜨거워지면 수증기가 되어 위로 올라가는 성질을 지니고 있다. 탈레스는 물질이 어떤 모양의 물로 주로 이루어져 있는가에 따라 물질이 다른 모습을 띤다고 생각했다. 탈레스의 이 생각은 훗날 고체, 액체, 기체의 개념으로 발전한다.

QUIZ 04

탈레스의 제자인 아낙시만드로스(기원전 610년 경-기원전 546년 경)는 세상은 이것으로 이루어져 있다고 생각했다. 무한한 물질이라는 뜻을 가진 이것은 무엇인가?

ANSWER

04 아페이론

QUIZ 05

탈레스의 제자인 이 사람은 기본원소가 공기라고 주장했다. 이 사람은 누구인가?

해설

아낙시메네스는 공기가 모여 있느냐 퍼져 있느냐에 따라 물질이 다른 모양을 띤다고 생각했다. 공기가 희박하면 불이 되고 공기가 점점 압축되면서 바람, 구름, 물, 흙, 돌 등으로 변한다는 것이 아낙시메네스의 생각이었다.

QUIZ 06

기본원소를 불이라고 생각했던 고대 그리스의 철학자는 누구인가?

ANSWER

05 아낙시메네스 06 헤라클레이토스

해설 헤라클레이토스(기원전 540년 경-기원전 480년 경)는 이 세상의 모든 물질은 항상 모습이 바뀌고 있다고 생각했다. 그는 기본원소는 불이며 불이 응축되면 물이 되고 더욱 응축되면 흙이 된다고 주장했다. 그는 불은 뜨거운 성질을 물은 차가운 성질을 공기는 축축한 성질을 흙은 건조한 성질을 가지고 있다고 주장했다.

QUIZ 07

이 사람은 기본원소가 물, 불, 흙, 공기의 네 가지며 모든 물질이 이들 4가지 기본원소들이 합쳐지거나 갈라지면서 만들어진다고 생각했다. 이 사람은 이들 원소들은 사랑에 의해 하나가 되고 미움에 의해 갈라진다고 생각했다. 4원소설의 창시자인 이 사람은 누구인가?

해설 엠페도클레스(기원전 490년 경-기원전 430년 경)

시칠리아의 엠페도클레스는 모든 사물이 네 개의 기본원소로 이루어져 있고 사물이 다른 모양을 띠는 이유는 네 개의 기본원소가 서로 다른 비율로 결합되어 있기 때문이라고 생각했다. 그는 사람의 뼈는 불, 물, 흙이 4:2:2의 비로 이루어져있고 피와 살은 불, 공기, 물, 흙이 1:1:1:1의 비로 이루어져 있고 이 비율이 달라지면 사람은 병에 걸린다고 생각했다.

ANSWER

07 엠페도클레스

QUIZ 08

소크라테스의 제자인 플라톤은 4원소설의 신봉자였다. 그는 네 개의 기본원소의 모양은 정다면체이어야한다고 주장했다. 플라톤이 생각한 물의 모양은 무엇인가?

해설

〈플라톤〉

철학자이자 과학자인 플라톤은 입체 도형을 좋아했는데 그 중에서도 정육면체처럼 모든 면이 같은 도형인 정다면체를 좋아했다. 그는 엠페도클레스의 4원소가 정다면체의 모습이어야 한다고 주장했다. 정다면체는 모두 다섯 종류로 정사면체, 정육면체, 정팔면체, 정십이면체, 정이십면체이다.

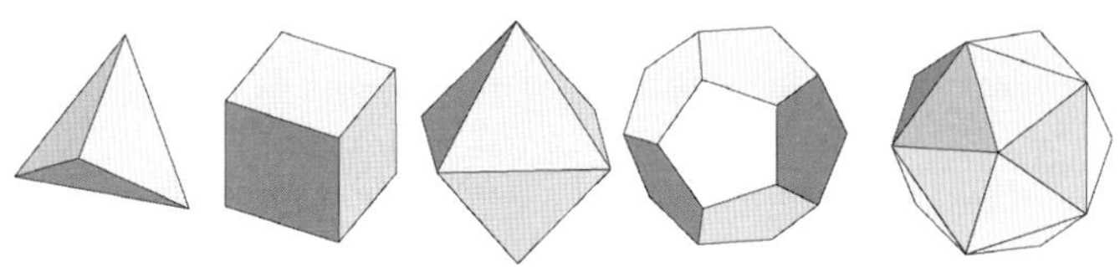

〈다섯가지 정다면체〉

ANSWER

08 정이십면체

플라톤은 네 개의 기본원소를 적당한 정다면체에 대응시켰는데 불은 정사면체, 흙은 정육면체, 공기는 정팔면체, 물은 정이십면체 모양이라고 주장했다.
플라톤은 기본원소들이 바뀌는 과정도 수학적으로 설명했다. 모든 면이 정삼각형으로 이루어져 있는 물은 역시 정삼각형으로 이루어져 있는 공기나 불로 쉽게 변할 수 있지만 정사각형으로 이루어져 있는 흙으로는 변할 수 없고 흙은 다른 원소들로 쉽게 바뀌지 않는 가장 안정된 원소라는 것이 그의 생각이었다.

QUIZ 09

이 사람은 우주를 천상계와 지상계로 나눠 지상계는 4원소로 이루어져 있고 천상계는 제5원소로 이루어져 있다고 생각했다. 이 사람은 지상계의 물질들은 유한한 직선운동만을 할 수 있고 천상계의 물질들은 영원한 원운동을 한다고 주장했다. 플라톤의 제자이고 알렉산더 대왕의 스승인 이 사람은 누구인가?

해설

〈아리스토텔레스〉

ANSWER

09 아리스토텔레스

아리스토텔레스는 이 세상에는 서로 대비되는 두 쌍의 성질이 있다고 생각했는데 그것은 차가움과 뜨거움 그리고 건조함과 축축함이다. 아리스토텔레스는 사물이 두 쌍의 대비되는 성질 중에 하나씩 택할 수 있으므로 택할 수 있는 모든 경우의 수는 4가지이고 그래서 기본원소가 네 개가 되어야 한다고 생각했다.

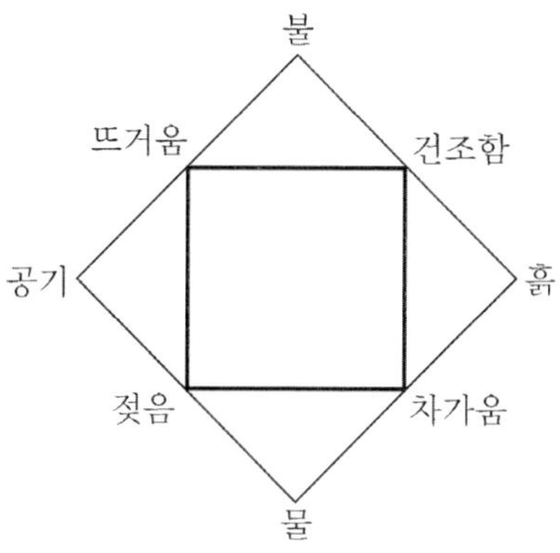

아리스토텔레스의 생각에 따르면 물은 차가운 성질과 축축한 성질을 가지고 있는데 이 중에서 축축한 성질이 건조한 성질로 변하면 흙의 성질을 띤 물이 되는데 그것이 바로 얼음이다. 또 물을 데우면 수증기가 되는데 그것은 물의 차가운 성질이 뜨거운 성질로 변해 공기의 성질을 띤 물이 된 것이다.

QUIZ 10

고대 그리스의 아낙사고라스는 모든 물질이 눈에 보이지 않는 아주 작은 이것으로 이루어졌다고 주장했다. 이것은 무엇인가?

해설

〈아낙사고라스〉

아낙사고라스는 모든 물질에는 다른 물질의 일부가 존재하므로 하나의 물질로만 이루어진 순수한 물질은 없다고 주장했다. 그는 밀에는 밀뿐 아니라 머리카락, 피부, 뼈, 금 등이 들어있고 밀이 소화되는 과정은 밀속의 피부가 원래의 피부와 결합하는 것이라고 생각했다.

ANSWER

10 누스(Nus)

QUIZ 11

이 사람은 세상은 진공과 충만으로 나눌 수 있으며 진공이란 눈에 보이는 물질이 없는 부분을 충만은 눈에 보이는 물질이 있는 부분을 나타낸다고 주장했다. 이 사람은 누구인가?

해설

〈레우키포스〉

레우키포스는 진공 속에 눈에 보이지 않는 아주 작은 알갱이들이 있었고 이들이 서로 부딪치고 소용돌이를 치면서 우리의 눈에 보이는 물질들이 만들어 졌다고 생각했다.

ANSWER

11 레우키포스

QUIZ 12

레우키포스의 제자인 데모크리토스(기원전 460년 경-기원전 370년경)는 이것이 모여서 우리의 눈에 보이는 모든 물질이 만들어진다고 주장했다. '더 이상 쪼갤 수 없는 것'이라는 뜻을 가진 이것은 무엇인가?

해설 데모크리토스는 물질을 쪼개고 쪼개면 더 이상 쪼갤 수 없는 가장 작은 알갱이가 되고 그 알갱이는 더 이상 작게 쪼개지지 않는다고 생각했는데 이 가장 작은 알갱이가 바로 물질을 이루는 기본요소인 원자이다.

〈데모크리토스〉

그의 원자설에 따르면 모든 물질은 아주 작은, 무한히 많은 원자로 이루어져 있으며 이 원자들은 진공 중에서 계속해서 움직인다.

ANSWER

12 원자(atom)

또한 원자들은 서로 다른 크기와 서로 다른 모양으로 무한히 오래 전부터 존재했던 것이며 원자들은 모양과 위치에 따라 성질이 달라진다.

그는 진공 속의 원자의 운동은 영원히 계속되며 운동에는 직선운동, 원운동, 소용돌이운동이 있다고 생각했다. 이때 가벼운 원자는 바깥으로, 무거운 원자는 안쪽으로 몰려드는 데 안쪽으로 몰려든 무거운 원자들은 땅과 물을 이루게 되고 바깥으로 밀려나는 것은 공기, 불, 하늘을 이룬다는 것이 그의 생각이다.

QUIZ 13

이 사람은 공기나 수증기의 압력을 이용한 수많은 기계를 발명했다. 그가 발명한 것 중에는 불을 피우면 저절로 열리는 문도 있었다. 이 사람은 누구인가?

QUIZ 14

연금술은 엠페도클레스와 아리스토텔레스의 4원소설을 기초로하여 발전되었다. 연금술사들은 구리나 철과 같은 흔한 금속으로 금을 만들 수 있다고 믿었다. 기원전 3세기, 4세기에 연금술이 발달했던 이집트의 이 도시는 어디인가?

ANSWER

13 헤론 14 알렉산드리아

해설 알렉산드리아의 연금술사들 덕분에 수많은 실험도구들이 발명되었다. 초기 연금술사들이 가장 많이 사용한 것은 증류기였다.

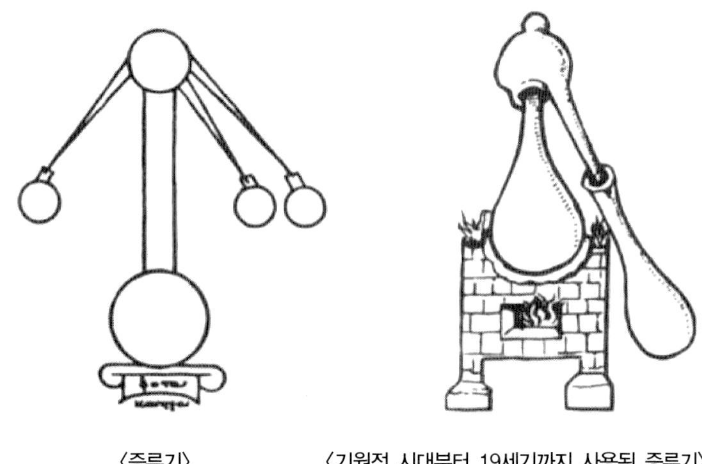

〈증류기〉 〈기원전 시대부터 19세기까지 사용된 증류기〉

알렉산드리아의 연금술사들이 행한 다른 실험으로 고체 가루를 액체에 용해시키는 과정, 거름종이를 이용하여 입자의 크기가 다른 두 물질을 걸러내는 과정, 결정화 과정, 승화과정과 증류과정 등이 있다. 알렉산드리아의 연금술은 수많은 화학 실험 방법과 도구를 개발하는 데 큰 기여를 했다.

QUIZ 15

연금술사들은 수은 증기와 유황 증기가 금속의 부모라고 생각했다. 그들은 이 두 증기를 결합해 이것을 만들 수 있고 이것은 붉거나 흰 가루로 흔한 금속을 금으로 바뀌게 한다고 믿었다. 이것은 무엇인가?

QUIZ 16

연금술사들은 천체를 나타내는 기호와 금속을 나타내는 기호를 같은 기호로 사용했다. 태양과 금, 수성과 수은, 금성과 구리, 화성과 철, 목성과 주석, 토성과 납을 같은 기호로 나타냈다. 그렇다면 달은 어떤 금속과 같은 기호를 사용했는가?

ANSWER

15 현자의 돌 16 은

퀴즈 화학의 역사

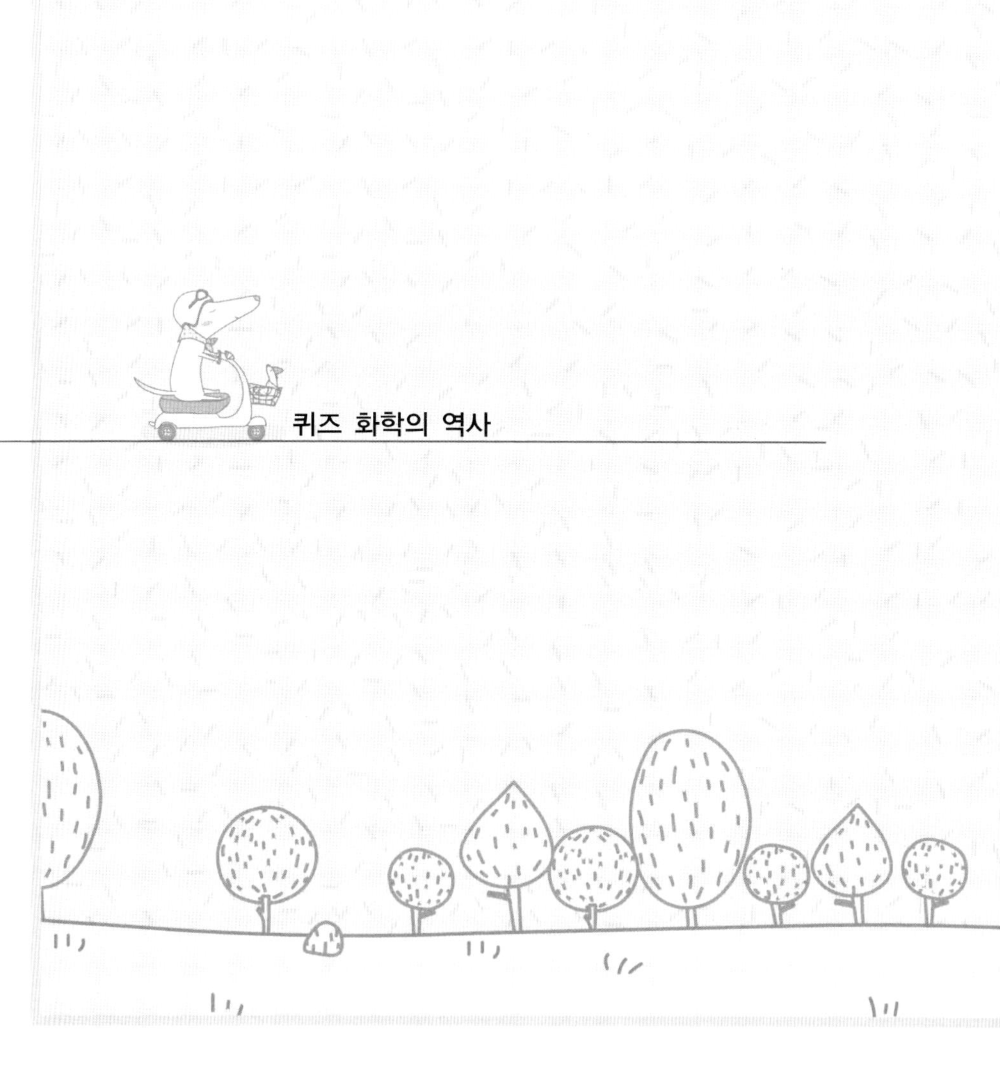

제 2 부

중세의 화학

QUIZ 01

이 과학자는 더 이상 다른 물질로 나눌 수 없는 기본적인 물질이 존재한다고 믿었고 이 물질을 원소라고 불렀다. 화학의 아버지라고 부르는 이 사람은 누구인가?

해설 영국의 보일(1627~1691)을 최초의 화학자라고 부른다. 보일은 원소설을 이용해 여러 가지 원소로 이루어진 물질을 화합물이라고 불렀다.

보일은 아일랜드 코크 백작의 열네 번째 아이로 태어났다. 그는 열일 곱 살까지 가정교사의 지도를 받으며 스위스 제네바에서 살았다. 1644년 영국으로 돌아와 '보이지 않는 대학'이라는 과학 토론 모임을 만들어 많은 과학자와 의견을 교류했는데 이 모임은 훗날 영국 왕립학회가 되었다.

QUIZ 02

1679년 독일의 화학자 스탈은 물질이 연소하는 것은 물질 속에 이것이 있기 때문이라고 주장했다. 그의 이론에 의하면 불에 타는 물질은 이것을 가지고 있는데 연소는 물질 속의 이것이 빠져 나가는 과정으로 만일 이것이 모두 빠져 나가면 물질은 더 이상 타지 않는다. 이것은 무엇인가?

ANSWER

01 보일 02 플로지스톤

해설 플로지스톤에 대한 생각을 처음 한 사람은 스탈의 스승인 독일의 베허이다.

아리스토텔레스는 사물이 물, 불, 흙, 공기로 이루어졌다고 했는데 베허는 사물이 공기, 물과 세 종류의 흙으로 이루어져 있다고 생각했다.

세 종류의 흙은 기름 흙, 수은 흙, 암석 흙으로 물질이 타면 물질 속에 들어 있던 기름 흙이 빠져나가면서 불의 성질을 지닌 연기가 피어오른다고 생각했다. 베허는 나무에는 기름 흙이 많이 들어 있고 돌멩이에는 기름 흙이 별로 들어 있지 않아 나무가 돌멩이보다 잘 탄다고 생각했다.

베허의 제자인 스탈은 기름 흙을 '불에 타는 것'이라는 뜻을 가진 플로지스톤이라고 불렀다. 스탈은 연소 뿐 아니라 철이 녹스는 것과 같은 화학 반응들을 플로지스톤이 빠져 나가는 것으로 여겼다. 심지어 그는 사람이 죽는 것도 몸속의 플로지스톤이 모두 빠져 나갔기 때문이라고 생각했다. 그는 이때 빠져나간 플로지스톤이 눈에 보이지 않는 영혼을 만든다고 생각했다.

플로지스톤 이론은 화학자들 사이에서 인기를 끌었지만 철이 녹스는 과정에서 문제가 생겼다. 그것은 녹슨 철이 원래의 철보다 무거운데 플로지스톤이 빠져나간다면 그럴 수 없기 때문이었다. 하지만 플로지스톤을 믿는 화학자들은 플로지스톤의 무게가 음수라고 주장하는 등 억지를 부렸다.

QUIZ 03

18세기에는 플로지스톤 이론을 믿는 화학자들 덕분에 눈에 보이지 않는 기체들이 발견되었다. 그 중 가장 먼저 발견된 기체는 무엇인가?

해설 18세기 중엽 영국의 화학자 블랙은 탄산마그네슘이나 탄산칼슘과 같이 탄산을 포함하는 염을 천천히 가열할 때 이산화탄소가 나온다는 것을 알아냈다. 그는 이산화탄소가 사람이 숨을 쉴 때 배출된다는 것도 알아냈다.

QUIZ 04

수소를 발견한 사람은 누구인가?

해설 1766년 영국의 캐번디시는 유리 용기 속에 들어 있는 아연에 염산을 부었다. 그러자 용기가 폭발했다. 그는 아연과 염산이 반응해 눈에 보이지 않는 기체가 발생해 폭발이 일어났다고 생각했는데 이 기체가 바로 수소이다.

ANSWER

03 이산화탄소 04 캐번디시

QUIZ 05

질소는 누가 처음 발견했나?

해설 1772년 에든버러 대학의 의학과 학생인 러더퍼드는 공기가 들어 있는 용기에 쥐가 더 이상 숨 쉴 수 없을 때까지 가두고 남아 있는 이산화탄소를 가성칼리로 흡수시키고 남아 있는 기체를 모았는데 이것이 바로 질소이다. 또한 그는 질소가 질산의 성분임을 증명하였다.

QUIZ 06

1774년 프리스틀리는 지름이 12센티미터인 렌즈로 햇빛을 모아 산화수은을 높은 온도로 가열해 이 기체를 발견했다. 이 기체의 이름은 무엇인가?

해설 프리스틀리는 산소가 물질이 타는 것을 도와주며 산소가 많을수록 물질이 잘 탄다는 사실을 알아냈다.

프리스틀리는 산소 외에도 수많은 기체를 발견했다. 그가 발견한 기체로는 일산화질소, 이산화질소, 일산화이질소, 암모니아, 염화수소, 이산화황, 사불화규소, 일산화탄소 등을 발견했다.

ANSWER

05 러더퍼드 06 산소

사실 프리스틀리 보다 먼저 산소를 발견한 사람은 스웨덴의 셀레이다. 1771년 셀레는 산소의 발견에 대한 내용이 담겨있는 책 출간을 앞두고 있었지만 스웨덴의 과학자 베리만이 서문을 늦게 써주어서 책은 1777년이 되어야 출간되었다.

QUIZ 07

물이 산소와 수소로 이루어져 있다는 것을 처음 알아낸 사람은?

해설 영국의 캐번디시는 수소와 산소를 전기방전 시켜 물을 만들어 냈다. 그는 수소와 산소의 부피의 비가 2 : 1일 때 두 기체가 완전히 물로 바뀐다는 것을 알아냈다.

ANSWER

07 캐번디시

최초로 탄산음료를 만든 사람은 누구인가?

해설 프레스틀리는 처음으로 이산화탄소를 물에 녹인 탄산수를 만들었는데 이것은 사이다나 콜라와 같은 탄산음료의 원리이다. 그는 또한 이산화탄소가 녹은 물에서 자라는 식물에서 산소가 나온다는 것을 알아냈다. 그밖에도 그는 산소를 이용하여 암모니아, 염화수소 그리고 이산화황을 만들었다.

QUIZ 09

질량보존의 법칙을 발견한 프랑스의 화학자는 누구인가?

해설 천재적인 화학자 라부아지에는 1743년 프랑스 파리에서 태어났다. 부유한 가정에서 태어난 그는 1768년 25살의 젊은 나이에 각 분야의 전문가들만이 될 수 있는 프랑스 아카데미 회원으로 뽑힐 정도로 그 능력을 인정받았다.

그 해 라부아지에는 페르메라는 회사에 들어갔는데 이 회사는 정부 대신 세금을 징수하는 역할을 맡았다. 1775년 라부아지에는 화학공사에 들어가 화약의 질을 개선했다. 또한 그는 현대의 미터법으로 발전되는 도량체계를 고안했다.

ANSWER

08 프리스틀리 09 라부아지에

1789년 라부아지에는 『화학개요』라는 책을 출간하는데 이 책에는 기체의 조성과 분리, 화학반응에서의 질량보존의 법칙에 대해 자세히 설명이 되어 있다.
프랑스 대혁명 이후 국민의회는 국민들에게 가혹한 세금을 징수한 대부분의 페르메의 직원들을 사형에 처했는데 라부아지에도 1794년 5월 8일 단두대의 이슬로 사라지게 되었다.

위대한 화학자 라부아지에의 첫 업적은 1769년에 시작된다. 당시 유리용기에 담긴 물을 끓이면 고체 상태의 물질이 침전되었는데 이 현상을 대부분의 과학자들은 물이 흙으로 변한다고 믿고 있었다.
라부아지에는 반응 전후 유리 용기의 질량을 정밀하게 측정하여 반응 후에 유리 용기가 조금 가벼워진다는 것을 알아냈다. 이로써 그는 고체 상태의 침전물은 물이 흙으로 변한 것이 아니라 유리용기의 유리가 녹아서 나왔다는 것을 알아냈다. 이 실험을 통해 라부아지에는 반응 전 후에 질량이 달라지지 않을 것이라는 생각을 가지게 되었다.

1772년 라부아지에는 연소에 대한 유명한 실험을 했다. 라부아지에는 매우 큰 렌즈를 이용하여 다이아몬드를 연소시키면 질량이 커진다는 것을 알아냈다. 그러므로 연소된 물질이나 녹슨 금속이 더 무거우므로 이 반응은 플로지스톤이 빠져나가는 반응이 아니라 질량을 가진 어떤 눈에 보이지 않은 기체와 결합하는 것이라고 생각했다. 그는 이 기체가 공기에 들어 있다고 생각했다.

그러던 중 1774년 프리스틀리가 라부아지에를 방문해 자신이 발견한 산소 기체에 대해 들려주었다. 산소 기체는 물질의 연소를 도와주므로 라부아지에는 물질이 연소할 때 결합되는 기체가 바로 산소 기체일 거라는 확신을 가지게 되었다.

라부아지에는 밀폐된 유리용기에서 연소반응을 하여 반응 전후의 질량을 비교해 보기로 했다. 반응 전에 물질이 들어 있는 유리용기의 질량은 물질의 질량과 공기의 질량과 유리 용기의 질량의 합이다. 연소반응을 한 후 라부아지에는 연소된 물질의 질량이 무거워진 것을 알아냈다. 대신 공기가 들어 있는 유리 용기의 질량은 줄어들었다. 공기 속에 있던 산소가 물질과 결합하여 탄 물질을 만들었던 것이다. 라부아지에는 이 반응에서 반응전후의 물질의 질량은 달라지지 않는다는 것을 확신하게 되었는데 이것이 바로 유명한 질량보존의 법칙이다. 질량보존의 법칙으로 인해 플로지스톤 이론은 더 이상 살아남지 못하게 되었다.

QUIZ 10

공기가 질소와 산소로 이루어져 있다고 처음 생각한 사람은 누구인가?

해설 셀레는 산소를 제외한 나머지의 공기 부분은 물질의 연소반응을 더 이상 일으키지 않는 질소라는 것을 알아냈다. 라부아지에도 셀레와 같은 생각을 가졌고 산소와 질소의 구성비가 1 : 3이라고 주장했다. 하지만 라부아지에의 구성비는 옳지 않았다. 얼마 후 프리스틀리는 정확한 실험에 의해 공기를 이루는 산소와 질소의 구성비가 1 : 4라는 것을 알아냈다.

ANSWER

10 셀레

라부아지에는 산소가 비금속 물질과 반응하여 모든 산을 만든다고 생각하고 프레스틀리가 발견한 기체에 산소라는 이름을 붙였다. 산소는 영어로 oxygen 인데 이것은 '산을 만드는 것'이라는 뜻이다. 예를 들어 황산은 황과 수소와 산소로 구성되어 있다. 하지만 1810년 영국의 화학자 데이비는 산소가 들어있지 않은 산을 발견하는데 이것은 바로 염산으로 수소와 염소로만 이루어진 산이다.

QUIZ 11

염소가 천을 표백하는데 사용될 수 있다는 것을 처음 알아낸 사람은?

해설 프랑스의 화학자 베르톨레는 이탈리아의 토리노 대학에서 의학을 배우고, 파리에서 화학을 공부했다. 그는 1780년에 과학아카데미의 회원이 되었고, 염색기술의 권위자였으며, 최초로 염소를 표백에 사용한 과학자이다. 그는 '모든 산에는 산소가 있다'는 라부아지에의 학설에 반대하고, 산소가 들어있지 않은 염산, 붕산들을 발견했다.

1785년에 베르톨레는 『화학명명법』을 저술하고 1795년 프랑스 과학의 메카인 에콜 폴리테크니크 설립에 참가하여 1811년까지 화학교수를 맡았다.

ANSWER

11 베르톨레

나폴레옹의 친척이기도 한 베르톨레는 나폴레옹과 이집트 원정에 동행했을 때 천연소다를 석출하는 호수를 발견하여, '어떠한 화학반응도 정반응과 동시에 역반응이 일어난다'는 화학평형의 조건을 발견했다.

QUIZ 12

크롬을 처음 발견한 사람은?

해설 보켈린이 1798년에 발견했다.

QUIZ 13

두 종류의 물질이 화합물을 만들 때 두 물질의 질량은 항상 일정한 비율을 이루는 데 이것을 일정성분비의 법칙이라고 부른다. 이 법칙을 발견한 사람은?

해설 일정성분비의 법칙을 달리 말하면 어떤 물질이 다른 어떤 물질과 화학 반응을 할 때, 그들 사이의 질량의 비율은 일정하고 반응 결과 생성된 물질의 조성은 달라지지 않는다.라고 말할 수 있다. 프루스트는 약제사의 아들로 태어나 파리에서 약제사가 되었고, 1789년에는 스페인의 마드리드 왕립 실험연구소 소장이 되었다.

ANSWER

12 보켈린 13 프루스트

또 1816년에 그는 프랑스 아카데미 회원이 되었으며, 결정 포도당의 정제와 아미노산의 일종인 류신의 분리 등에 업적을 남겼다.

1799년 프루스트는 천연적으로 존재하는 염기성 탄산구리와 실험실에서 만든 염기성 탄산구리를 분석하였을 때, 두 화합물에서 조성비가 같다는 사실을 발견했다. 그리하여 그는 두 물질이 반응하여 한 화합물을 만들 때에는 언제나 일정한 비율로 결합한다고 제안했다. 즉, 반응 물질들이 어떤 양으로 섞여있더라도 이들은 언제나 일정한 비율로 결합하여 반응 결과 생성된 물질의 조성은 달라지지 않는다는 내용이다.
하지만 19세기 전까지만 하더라도 많은 화학자들은 화합물을 구성하는 성분 물질의 질량비가 일정하지 않다고 생각했다. 그 중 프랑스의 베르톨레는 프루스트에 대항하여 화합물을 만드는 방법에 따라 그 조성이 여러 가지로 달라지며 아주 특별한 때에만 일정성분비의 법칙이 성립한다고 보아 하나의 화합물에서 물질의 조성은 일정하지 않다고 맞섰다. 즉 그는 철의 산화물들을 분석하여 그 조성비가 일정하지 않다고 주장했는데 이는 어떤 철의 산화물에서는 철과 산소의 조성비가 56 : 16이고 또 다른 철의 산화물에서는 철과 산소의 조성비가 56 : 24라는 실험 결과를 내세워 프루스트가 옳지 않다고 반박했다. 하지만 이것은 철의 산화물에는 두 종류가 있다는 것을 몰랐던 베르톨리의 결정적인 실수였다. 철과 산소의 조성비가 56 : 16인 산화철은 산화제일철(FeO)이고 조성비가 56 : 24인 산화철은 산화제이철(Fe_2O_3)이었던 것이다. 결국 프루스트에 의하면 산화제일철과 산화제이철은 서로 다른 화합물이므로 그 조성비가 같을 필요가 없었던 것이 밝혀졌다.

8년 동안 학계의 화제를 모아 온 두 사람의 싸움은 마침내 프루스트의 승리로 끝나게 되었다. 결국 "같은 화합물에서는 각 성분은 일정한 질량비를 갖는다"는 프루스트의 주장이 승리를 거두게 된 되었다.

QUIZ 14

이 사람은 원자론의 창시자이며 근대 화학의 아버지라고 불리 운다. 이 사람은 12살에 교사가 되어 아이들에게 과학을 가르쳤다. 심각한 색맹이었던 영국의 화학자인 이 사람은 누구인가?

해설 돌턴(1766~1844)

돌턴은 영국의 컴벌랜드주의 작은 촌락인 이글스필드에서 태어났다. 그의 아버지는 아주 가난한 직조공이었고, 형제 또한 많아서 어릴 때부터 집안이 가난했다. 돌턴의 가족들은 청빈하고 성실하게 사는 퀘이커교도였기에 그도 일생 동안 퀘이커 교도로 살았다.

돌턴이 받은 유일한 학교 교육은 마을의 초등학교뿐이었지만 그는 12살에 학교를 만들어 아이들을 가르치기 시작하여, 15살에는 형과 함께 켄달에서 학교를 경영하고, 이때 수학, 라틴어, 그리스어, 프랑스어 등을 독학으로 공부했다.

ANSWER

14 돌턴

켄달에 있는 동안 돌턴은 여가의 시간을 기상 관측에 관한 많은 기록을 남겼고 이를 죽을 때 까지 계속했다. 뿐만 아니라 돌턴의 연구는 다방면에 미쳐서 때로는 식물학, 곤충학, 수학에까지 연구의 손을 뻗었는데 1793년 맨체스터의 뉴 칼리지로 옮겨 수학과 과학 철학을 강의하였는데 1793년 그곳에서 그의 첫 번째 저서 『기상관측과 에세이』를 출간했다.

돌턴은 맨체스터 문학 및 철학 협회의 회원으로 활동하면서 물에 녹는 기체의 용해도로 유명한 헨리와 우정을 쌓았고 그 인연으로 훗날 돌턴은 원자설을 이용하여 기체의 용해도를 완벽하게 설명할 수 있었다.

돌턴은 1803년 원자설을 발표하고 그 내용은 1808년에 출간된 『화학철학의 새로운 체계』에서 집대성되었다. 1805년에는 수소 원자의 질량을 1이라고 할 때 다른 원자들의 상대적인 질량을 나타내는 원자량을 발표했다. 원자설로 유명해진 돌턴은

1822년 맨체스터 문학 및 철학 협회의 회장이 되었다.

고양이 한 마리를 기르며 조용히 개인 교습을 하며 평생을 독신으로 살았던 위대한 화학자 돌턴은 1844년, 자신의 눈을 색맹 연구용으로 기증하고 세상을 떠났다.

QUIZ 15

1802년 돌턴은 두 종류의 원소가 화합하여 두 가지 이상의 화합물을 만들 때 한 원소의 일정량과 결합하는 다른 원소의 질량비는 항상 간단한 정수비를 이룬다는 이 법칙을 발표했다. 이 법칙은 무엇인가?

해설 두 종류의 원소가 화합해 항상 같은 종류의 화합물을 만드는 것은 아니다. 예를 들어 탄소와 산소의 화합물에도 이산화탄소와 일산화탄소가 있다. 일산화탄소에서는 탄소와 산소의 조성비가 12 : 16이고 이산화탄소에서는 조성비가 12 : 32이다. 돌턴은 같은 양의 탄소와 반응하는 산소의 질량비를 조사했다. 일산화탄소에서는 탄소 1그램과 반응하는 산소의 양은 $\frac{16}{12}$ 그램이고 이산화탄소에서는 $\frac{32}{12}$ 그램이 되므로 두 화합물에서 반응하는 산소의 질량비는 $\frac{16}{12} : \frac{32}{12} = 1 : 2$가 되어 간단한 정수비를 이루었다.

ANSWER

15 배수비례의 법칙

QUIZ 16

배수비례의 법칙과 돌턴의 원자설과의 관계에 대해 설명하라.

해설 배수비례의 법칙은 산소나 탄소가 더 이상 쪼개어지지 않는 가장 작은 알갱이들로 이루어져 있다는 것을 나타내는데 돌턴은 이를 원자라고 불렀다. 이에 따르면 화합물을 만드는 각 원소의 원자수가 항상 일정하고 같은 원소의 원자는 모두 같은 질량을 가지고 있게 된다.

왜 이런지 간단한 비유를 통해 알 수 있다. 주머니 속에는 여러 개의 검은 바둑알과 흰 바둑알이 마구 섞여 있다고 하자. 이때 검은 바둑알들과 흰 바둑알들은 서로 다른 원소라고 하자. 여기서 아무렇게나 한 움큼 꺼내보자. 처음 꺼냈을 때 검은 바둑알이 3개, 흰 바둑알이 2개라고 한다면 이들을 접착제로 붙여보라. 이것이 바로 검은 원소와 흰 원소로 이루어진 화합물이다. 또 다시 한 움큼 꺼내보자. 이번에는 검은 바둑알 2개와 흰 바둑알 1개라고 한다면 역시 접착제로 붙인 이들 역시 검은 원소와 흰 원소로 이루어진 또 다른 화합물이다. 이때 두 화합물에서 한 개의 검은 바둑알과 결합한 흰 바둑알의 개수의 비는 $\frac{2}{3}$: $\frac{1}{2}$이다. 이 비는 4 : 3이 되어 간단한 정수의 비가 되는데 이는 주머니 속에 같은 종류의 바둑알들이 들어 있었기 때문이다. 즉, 검은 바둑알 한 개는 검은 원소를 이루는 가장 작은 알갱이인 원자를 나타내므로 배수비례의 법칙이 성립한다는 것은 바로 원소들이 원자라는 가장 작은 알갱이로 이루어져 있다는 것을 나타낸다. 돌턴은 〈화학철학의 새로운 체계〉에서 원자설에 대해 다음과 같이 요약했다.

• 돌턴의 원자설

1. 물질은 더 이상 쪼갤 수 없는 가장 작은 알갱이인 원자로 이루어져 있다.
2. 원자의 종류는 원소에 따라 정해지며, 같은 원소의 원자는 질량과 성질이 서로 같고, 다른 종류의 원자는 질량과 성질이 서로 다르다.
3. 화학변화가 일어날 때 원자는 새로 생성되거나 소멸되지 않는다.
4. 화학 변화는 원자들이 서로 결합하거나 분해하는 변화이므로 화학변화의 기본 단위는 원자이다.
5. 화합물이 생길 때에는 각 원소의 원자사이에 간단한 정수비로 결합한다.

QUIZ 17

원자와 원소는 어떤 차이가 있는가?

해설 원소는 더 이상 분해되지 않는 물질을 이루는 기본 성분이고 원자는 더 이상 쪼개질 수 없는 가장 작은 알갱이로 물질을 구성하는 기본 입자이다. 앞에서 얘기한 것처럼 검은 바둑알과 흰 바둑알이 섞여 있는 주머니에는 두 종류의 원소가 있다. 검은 바둑알 원소와 흰 바둑알 원소인데, 여기서 검은 바둑알 한 개는 원소를 이루는 가장 작은 알갱이이므로 원자에 비유할 수 있다.

또 다른 예로 누군가가 성냥개비로 여러 모양의 미술품을 만들었다고 할 때 성냥개비 1개가 원자이고 성냥개비로만 되어 있는 모든 작품들은 원소인 셈이다. 예를 들어 산소 기체는 산소 원자 2개로 이루어져 있고 오존 기체는 산소원자 3개로 이루어졌지만 같은 산소 원소로 구성되어 있다.

QUIZ 18

일산화탄소와 이산화탄소는 어떤 차이가 있나?

해설 일산화탄소와 이산화탄소는 모두 산소와 탄소로 이루어진 화합물이다. 원소의 입장에서 보면 두 화합물은 산소와 탄소 원소로 이루어진 화합물이지만 원자의 입장에서 보면 일산화탄소는 탄소원자 한 개와 산소원자 한 개로 이루어진 반면 이산화탄소는 탄소원자 한 개와 산소원자 두 개로 이루어져 있으므로 두 화합물은 서로 다른 화합물이다.

두 기체는 눈에 보이지 않고 냄새가 안 난다는 점에서 같은 성질을 가지고 있지만 이산화탄소가 몸에 해롭지 않은 반면 일산화탄소는 몸에 해로워 많이 마시면 숨을 멈출 수도 있다.

탄소가 산소와 화합하여 이산화탄소를 만들기 위해서는 일산화탄소를 만들 때 보다 더 많은 산소 원자가 필요하므로 일산화탄소는 공기 중에 산소의 양이 부족할 때 탄소 성분을 가진 물질이 타는 경우에 발생하기 쉽다. 지금은 잘 사용하지 않지만 과거에 연탄으로 난방을 하던 시절 연탄이 제대로 타지 않아 일산화탄소가 발생하여 사람들이 목숨을 잃는 경우가 종종 있었다.

QUIZ 19

연금술사들은 아리스토텔레스의 4원소설을 이용하여 납으로 금을 만들려고 했다. 돌턴의 원자설 때문에 이러한 연금술이 불가능한데 그 이유를 설명하라.

해설 아리스토텔레스의 4원소설에 따르면 서로 다른 금속은 4원소의 비율이 다르다. 이때 가장 이상적인 비율을 가지고 있는 금속이 금이다. 그러므로 납과 같이 비천한 금속은 4원소의 비율이 이상적이지 못하므로 그 비율을 바꾸면 납을 금으로 만들 수 있다고 믿었다. 따라서 아리스토텔레스의 4원소설을 믿는 사람들은 비천한 금속으로 금을 만드는 연금술에 빠지게 되었다. 하지만 돌턴의 원자설에 따르면 납이라는 원소는 납 원자로 이루어져 있고 금은 금원자로 이루어져 있다. 원자설에 따라 어떤 화학반응에서도 서로 다른 원자로 바뀔 수 없기 때문에 납 원자가 금원자로 바뀌는 일은 생기지 않는데, 이것이 바로 원자설로 인해 연금술이 불가능하다고 입증된 이유이다.

QUIZ 20

돌턴의 부분압의 법칙이란 무엇인가?

해설 돌턴은 기상학을 연구하던 중 공기를 비롯한 기체의 성질에 관심을 가지게 되었다. 기체는 온도가 올라가면 압력이 커지게 되는데 뉴턴을 비롯한 과학자들은 이것이 온도가 올라가면 기체들 사이의 반발력이 커지기 때문이라고 생각했다. 하지만 공기는 산소와 질소로 이루어져 있고 기체들 사이의 반발력이 생기면 무거운 질소 원자는 아래로 가라앉고 가벼운 산소원자는 위로 올라가 산소층과 질소층으로 나뉘어진다는 모순이 생기게 된다. 이 문제를 해결하기 위해 돌턴은 같은 종류의 기체 원자끼리는 반발하지만 다른 종류의 기체와는 반발하지 않는다는 가정을 세웠다. 즉 산소끼리 혹은 질소끼리는 반발하지만 산소와 질소 사이에는 반발이 없어 두 기체가 공기 속에서 골고루 섞여 있다는 것이다. 따라서 공기의 압력은 산소 기체가 만들어내는 압력(부분압)과 질소 기체가 만들어 내는 압력(부분압)의 합이 된다는 것이 돌턴의 부분압의 법칙이다.

QUIZ 21

1803년 돌턴은 원소기호를 만들었다. 돌턴의 원소기호로 수소는 어떻게 나타내는가?

해설 돌턴이전에 연금술사들은 다음과 같은 기호로 원소를 나타냈다.

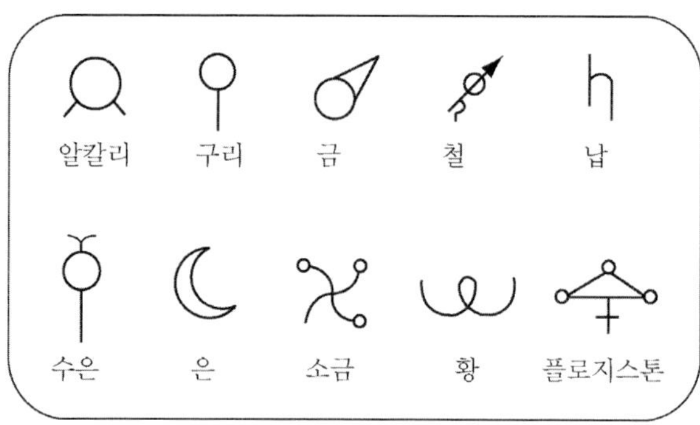

〈연금술사들의 원소기호〉

돌턴은 원자의 모양이 동그란 공모양이라고 생각하고 원소의 기호를 동그라미 모양으로 만들었다. 몇 가지 원소에 대한 돌턴의 원소기호는 다음과 같다.

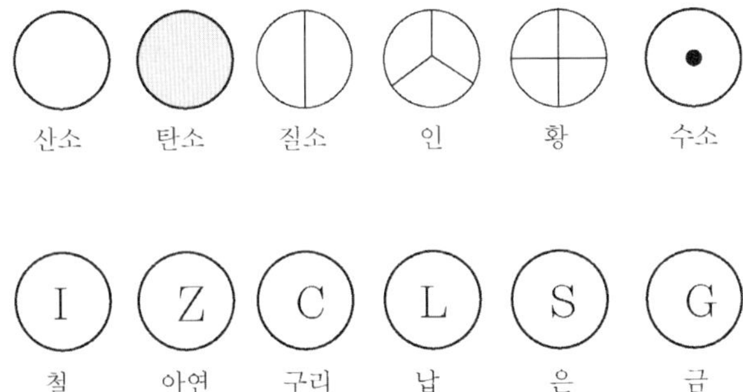

산소는 깨끗한 기체라는 의미에서 흰 동그라미로 나타냈고, 탄소는 검은 동그라미로 나타냈다. 수소는 폭발하는 기체이기 때문에 폭발을 나타내려고 점을 찍었다. 또한 철은 영어로 Iron이니까 원안에 맨 앞 철자 I를 넣었고, 금은 Gold이니까 원안에 G를 써 넣었다.

QUIZ 22

돌턴의 원소기호는 현재 사용되지 않는다. 우리가 현재 사용하고 있는 원소기호를 만든 사람은 누구인가?

ANSWER

21 ⊙ 22 베르셀리우스

해설 돌턴의 원소기호가 발표된 후 많은 인쇄업자들의 불만이 고조되었다. 그들은 기본 알파벳에 없는 돌턴의 원자기호가 화학책을 만들 때 마다 새로운 활자를 만드는 불편함을 가지고 온다며 불만을 나타냈다.

그러던 중 스웨덴의 베르셀리우스가 1812년 영어의 알파벳으로 간단하게 원소기호를 나타내자고 제안했다.

베르셀리우스의 원소기호는 라틴어에서 유래된다. 그는 수소는 물을 만드는 원소이므로 라틴어로 물을 만드는 원소라는 뜻의 Hydrogen이라고 읽고 맨 앞 철자인 H를 수소를 나타내는 기호로 쓰자고 했다.

또한 산소는 산을 만드는 원소이므로 라틴어로 Oxygen이 되는 데 그 앞 철자인 O를 산소의 원소기호로 사용했다. 어떤 원소는 두 개의 알파벳을 사용하는데 예를 들어 철은 라틴어로 Ferite이므로 앞의 두 철자를 따서 Fe라고 쓰고, 알루미늄은 Aluminium이 되어 Al이라고 쓴다. 현재 우리가 사용하고 있는 원소기호는 베르셀리우스의 원소기호이다.

QUIZ 23

같은 온도 같은 압력에서 두 기체들이 반응하여 새로운 기체를 만들 때 기체들의 부피의 비가 간단한 정수비가 된다는 것을 기체 반응의 법칙이라고 부른다. 이 법칙을 발견한 사람은 누구인가?

ANSWER

23 게이뤼삭

해설 1808년 프랑스의 게이뤼삭이 기체 반응의 법칙을 발견했다. 그는 수소 기체와 산소기체가 반응하면 수증기(물의 기체 상태)가 만들어지는데 이때 수소 기체, 산소 기체, 수증기의 부피의 비는 2 : 1 : 2가 된다는 것을 알아냈다.

QUIZ 24

돌턴의 원자설로 기체반응의 법칙을 설명할 수 있는가?

해설 반응 전 수소와 산소의 부피의 비는 2 : 1이다. ●를 수소원자로 ○를 산소원자로 본다면 수증기는 산소와 수소로 이루어진 화합물이므로 돌턴의 주장대로라면 ●○라고 표시해야 한다. 이를 다음과 같이 나타낼 수 있다.

●●+○→●○ ●○

이 반응을 보면 반응 전 수소 원자가 2개, 산소 원자가 1개이던 것이 반응 후에는 수소원자 2개 산소원자 2개로 늘어났다. 따라서 이는 반응전후에 질량이 보존되어야 한다는 라부아지에의 질량보존의 법칙에 위배된다.

ANSWER

24 설명할 수 없다

QUIZ 25

기체반응의 법칙은 분자의 도입으로 잘 설명되었다. 분자의 개념을 최초로 도입한 사람은 누구인가?

해설 1811년 이탈리아의 아보가드로는 화학반응은 원자들이 아닌 원자 여러 개가 모인 분자가 주인공이어야 한다고 주장했다. 이를테면 수소 분자는 수소 원자 2개로 이루어져 있으며 기체의 부피는 원자의 부피가 아니라 분자의 부피라고 생각했다.

〈아보가드로〉

ANSWER

25 아보가드로

QUIZ 26

아보가드로의 분자를 이용하여 기체 반응의 법칙을 설명하라.

해설 수소 분자 두 부피와 산소 분자 한 부피가 화학반응을 하는 것을 분자로 나타내면 다음과 같다.

●● ●●+○○

반응 전의 수소 원자의 수는 4개, 산소원자의 수는 2개이다. 이제 물(수증기)분자가 수소원자 두 개와 산소 분자 2개로 이루어져 있다고 하면 다음과 같은 반응식을 쓸 수 있다.

●● ●●+○○→●○● ●○●

이 반응식은 반응 전후 원자의 개수가 달라지지 않았고 질량보존의 법칙도 만족한다. 이리하여 아보가드로는 화학반응에서의 분자의 역할이 중요함을 알아낼 수 있게 되었고, 분자가 원자로 이루어져 있음을 알게 되었다.

QUIZ 27

분자의 크기는 어느 정도일까?

ANSWER

27 분자의 종류에 따라 다르다

해설 예를 들어 물분자의 크기를 생각해보자. 보통 빗방울의 반지름은 약 1mm이다. 이 빗방울 하나에는 엄청나게 많은 물분자들이 들어 있는데, 반지름이 1mm인 빗방울 속의 물분자를 일렬로 늘어놓으면 둘레가 4만 km인 지구를 160바퀴나 돌 수 있는 거리가 된다. 이렇게 분자의 크기는 매우 작다. 하지만 분자 중에는 단백질, DNA 분자들처럼 물 분자보다 훨씬 큰 분자들도 있다.

QUIZ 28

우주 공간에도 분자가 있나?

해설 1920년 미국 캘리포니아 주의 윌슨산 천문대는 당시 최대인 100인치 반사망원경으로 우주를 관측하다가 우주 공간을 떠돌아다니는 분자의 존재를 확인했다. 그들이 발견한 우주 공간의 분자는 시안이라는 유독한 기체이다.

ANSWER

28 있다

QUIZ 29

물위에 떠 있는 꽃가루의 움직임을 현미경으로 관찰하면 제 멋대로 움직인다는 것을 알 수 있다. 이것은 물 분자들이 끊임 없이 움직이고 있기 때문이다. 온도를 올려주면 꽃가루가 더 빠르게 움직이는 데 이것은 온도가 높아지면 물 분자가 빠르게 움직이기 때문인데 이 현상을 무엇이라고 부르는가?

해설

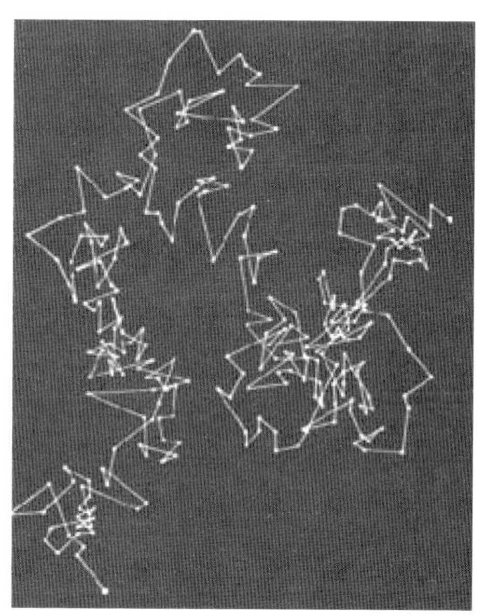

1827년 영국의 식물학자 브라운이 발견했다.

ANSWER

29 브라운 운동

QUIZ 30

온도와 기체 분자의 질량은 서로 관계가 있다. 즉 온도가 높을수록 기체분자가 가벼울수록 확산이 빠르게 일어나는데 이러한 성질을 처음 알아낸 사람은?

해설 1831년 영국의 그레이엄이 기체의 분자가 한 장소에서 다른 장소로 퍼져나가는 운동인 확산운동에 대한 법칙을 찾아냈다. 기체 분자가 한 곳에 생기면 여기저기로 퍼져나가는 데 그걸 확산이라고 한다.

그레이엄은 온도와 기체 분자의 질량과 관계있다. 온도가 높을수록 기체분자가 가벼울수록 확산이 빠르다는 사실을 알아냈다. 그는 온도가 높으면 기체 분자가 더 많은 에너지를 가지기 때문에 더 활발하게 움직이고 물체는 가벼울수록 잘 움직이는 성질이 있기 때문에 기체분자가 가벼울수록 확산이 잘 일어난다고 생각했다. 그러므로 기체 중 제일 가벼운 수소는 확산이 제일 빠르다.

ANSWER

30 그레이엄

퀴즈 화학의 역사

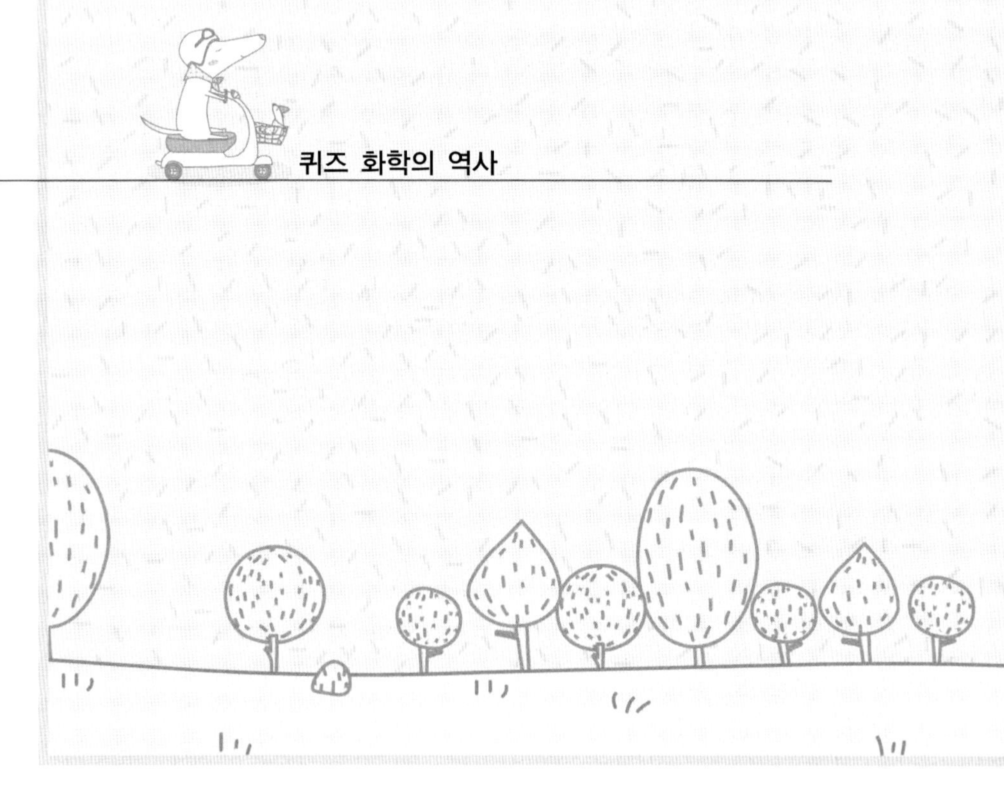

제3부

근대 화학의 역사

QUIZ 01

물이 산소와 수소로 전기분해 된다는 것을 처음 알아낸 사람은?

해설 1800년 니콜슨과 캘러일은 볼타전지를 이용하여 물을 전기분해하여 양극에서는 산소를 음극에서는 수소를 얻었다. 이것은 최초의 전기분해 실험이었다.

QUIZ 02

영국의 화학자인 이 사람은 전기분해를 이용해 칼륨, 나트륨, 칼슘, 바륨, 스트론튬, 마그네슘을 최초로 분리했다. 패러데이의 스승이기도 한 이 사람은 누구인가?

해설 데이비(1778~1829)

데이비는 1807년에 나무 재의 수용액을 전기분해하여 소량의 금속 칼륨을 얻는데 성공했다. 며칠 후 데이비는 전기분해를 이용해 나트륨을 분리했으면 유사한 방법으로 칼슘, 바륨, 스트론튬, 마그네슘을 분리했다.

ANSWER

01 니콜슨 캘러일 02 데이비

QUIZ 03

영국의 데이비가 발견한 이 기체는 마시면 저절로 웃음이 나오고 기분이 유쾌해지기 때문에 웃음가스라고 불리었다. 이 기체는 최초의 마취제로도 사용되었는데 이 기체의 이름은 무엇인가?

해설

ANSWER

03 아산화질소

QUIZ 04

가열된 원소에서 나오는 빛의 색깔을 조사해 그 원소가 어떤 원소인가를 알아내는 것을 분광분석법이라고 한단. 분광분석법의 창시자인 분젠과 키르히호프는 이 방법을 이용해 가열되면 파란 불꽃을 내는 새로운 원소를 발견했다. 파랑을 나타내는 라틴어에서 유래된 이 원소의 이름은 무엇인가?

해설 독일 하이델베르그 대학의 분젠은 1855년 석탄을 이용해 분젠등을 발명해 물체를 2000도까지 가열할 수 있었다. 그는 1836년 연구 도중 폭발 사고로 한쪽 눈의 시력을 잃었고, 실험중 비소를 마셔 죽을 뻔하기도 했었다.

그는 키르히호프와 함께 가열된 원소가 방출하는 빛의 색을 조사하는 분광분석법을 처음 개발했다. 두 사람은 하이델베르그 교외 호수에서 희귀한 원소가 포함되어 있는 물질을 발견하고 분광분석법에 의해 푸른 색 불꽃 반응을 하는 세슘을 처음 발견했다. 그 후 두 사람은 루비듐과 탈륨도 발견했다.

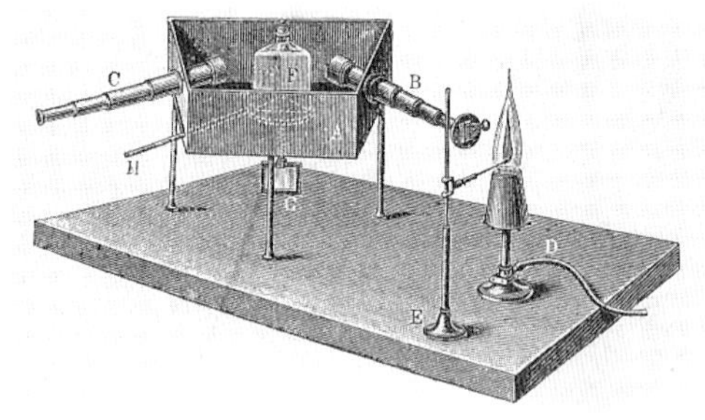

ANSWER

04 세슘

QUIZ 05

러시아의 이 화학자는 주기율표의 창시자로 알려져 있다. 이 화학자는 누구인가?

해설 처음으로 원소들을 분류한 사람은 라부아지에이다. 1789년 그는 이 세상의 원소를 흐르는 것, 금속, 비금속, 흙종류의 네 가지로 분류했다.

1815년 프라우트가 대부분의 원소들이 수소의 원자량의 배수가 된다는 것을 알아냈다. 1817년 독일의 되베라이너는 리튬, 나트륨, 칼륨가 비슷한 성질을 가지며 염소, 브롬, 요오드도 마찬가지로 비슷한 성질을 가진다는 것을 알아냈다. 또한 그는 이렇게 비슷한 성질을 가지는 세 개의 원소중의 중간 무게를 가진 원소의 무게는 다른 두 원소의 무게의 평균과 같다는 것을 알아냈다. 1850년 페텐코퍼는 비슷한 성질을 가진 원소들의 원자량의 차이가 8의 배수라는 것을 알아냈다. 이 사실을 이용하여 1864년 영국의 뉴랜즈는 62개의 원소를 가벼운 것부터 나열하면 여덟 번째 원소는 같은 성질을 띤다는 사실을 알아내고 이것을 옥타브의 법칙이라고 불렀다. 그래서 그는 멘델레예프가 주기율표를 발표하자 자신이 먼저 한 일이라고 주장하기고 했다. 또한 독일의 마이어는 1864년 28개의 원소를 6개의 가족으로 정리하고, 뒤에는 좀 더 보완하여 55개의 원소를 9개의 가족으로 정리했다. 하지만 마이어는 멘델레예프의 논문보다 1년 늦게 발표되었다. 그 후 마이어는 멘델레예프와 주기율표를 누가 먼저 발견했는가를 놓고 심하게 논쟁을 벌이게 되었다.

ANSWER

05 멘델레예프

1869년 러시아의 화학자 멘델레예프가 그동안 발견된 63개의 원소들을 화학적으로 같은 성질을 갖는 가족끼리 묶은 주기율표를 발표했다. 이 가족들을 1족부터 8족까지로 불렀고 수소는 비슷한 성질을 가진 원소들이 없어서 1족부터 8족까지의 가족에 속하지 않는다고 했다.

1족은 알칼리금속이라고 부르는 리튬, 나트륨, 칼륨 등이 살고 있고 2족은 알칼리토금속이라고 부르는 베릴륨, 마그네슘, 칼슘 등이, 3족은 붕소, 알루미늄, 갈륨 등이, 4족에는 탄소, 실리콘, 게르마늄 등이, 5족에는 질소, 인, 아스타틴 등이, 6족에는 산소, 황 등이, 7족에는 플로로르, 염소, 브롬 등이 사는 데 이들 원소들은 할로겐 원소라고 부른다.

Reihen	Gruppo I. — R^2O	Gruppo II. — RO	Gruppo III. — R^2O^3	Gruppo IV. RH^4 RO^2	Gruppo V. RH^3 R^2O^5	Gruppo VI. RH^2 RO^3	Gruppo VII. RH R^2O^7	Gruppo VIII. — RO^4
1	H=1							
2	Li=7	Be=9,4	B=11	C=12	N=14	O=16	F=19	
3	Na=23	Mg=24	Al=27,3	Si=28	P=31	S=32	Cl=35,5	
4	K=39	Ca=40	—=44	Ti=48	V=51	Cr=52	Mn=55	Fe=56, Co=59, Ni=59, Cu=63.
5	(Cu=63)	Zn=65	—=68	—=72	As=75	Se=78	Br=80	
6	Rb=85	Sr=87	?Yt=88	Zr=90	Nb=94	Mo=96	—=100	Ru=104, Rh=104, Pd=106, Ag=108.
7	(Ag=108)	Cd=112	In=113	Sn=118	Sb=122	Te=125	J=127	
8	Cs=133	Ba=137	?Di=138	?Ce=140	—	—	—	— — — —
9	(—)	—	—	—	—	—	—	
10	—	—	?Er=178	?La=180	Ta=182	W=184	—	Os=195, Ir=197, Pt=198, Au=199.
11	(Au=199)	Hg=200	Tl=204	Pb=207	Bi=208	—	—	
12	—	—	—	Th=231	—	U=240	—	— — — —

마지막으로 8족에는 헬륨, 네온, 아르곤 등이 사는 데 이들은 다른 원소들과 반응을 하는 걸 아주 싫어하기 때문에 비활성 기체라고 부른다.

1906년 멘델레예프는 노벨화학상을 놓고 플로오르의 발견자인 앙리 무아상과 경쟁하지만 한 표 차이로 앙리 무아상이 멘델레예프를 제치고 1906년 노벨 화학상 수상자로 결정되었다. 멘델레예프가 노벨화학상을 받지 못한 결정적인 이유는 주기율표의 발견이 멘델레예프 한 사람의 노력이 아니라 뉴랜즈와 마이어 등 다른 많은 사람들의 기여가 있었기 때문이었다.

멘델레예프는 주기율표를 통해 당시 까지 발견 되지 않았지만 꼭 있어야할 원소 세 개를 예언했는데 그것은 각각 갈륨, 게르마늄, 스칸듐이었다. 갈륨은 프랑스의 브와보드랑이 1874년에 게르마늄은 1885년 독일의 빙클러가 스칸듐은 닐슨이 1879년에 발견했다.

QUIZ 06

오스뮴과 이리듐을 발견하여 유명해진 영국의 이 사람은 1797년 다이아몬드와 흑연이 똑같이 탄소 원자로만 이루어져 있다고 주장했다. 이 사람은 누구인가?

해설 1797년 테넌트는 자신의 다이아몬드를 유리상자 넣고 불을 붙였다. 얼마 후 다이아몬드는 감쪽같이 사라지고 유리상자에는 눈에 보이지 않는 기체만 남았다. 그는 그 기체가 이산화탄소라는 것을 알아내고 다이아몬드 역시 탄소원자로만 이루어져 있다는 것을 알아냈다.

ANSWER

06 테넌트

QUIZ 07

이것은 최초로 발견된 비활성기체이다. 램지는 1892년 이것이 수소분자보다 20배 정도 무겁다는 것을 알아냈다. 이 기체의 이름은 그리스어의 '게으름'에서 유래되었다. 이 기체의 이름은 무엇인가?

해설 1892년 램지는 공기중의 질소를 가열된 마그네슘에 통과시켜 질소화 마그네슘을 만들고 이때 발생하는 기체를 분광학적으로 조사했다. 그는 이 기체속에 질소기체 외에 전혀 알려지지 않는 새로운 기체가 포함되어 있음을 알아냈는데 이것이 바로 아르곤이다. 그는 이 기체가 다른 물질들과 잘 반응하기 싫어하기 때문에 게으르다는 뜻을 가진 그리스어 아르곤이라고 명명했다. 그 후 1898년 램지는 클레브석이라는 광물을 가열해 수소 다음으로 가벼운 헬륨을 발견하고 같은 해 트래버스는 액체 공기의 찌꺼기에서 네온을 발견했다.

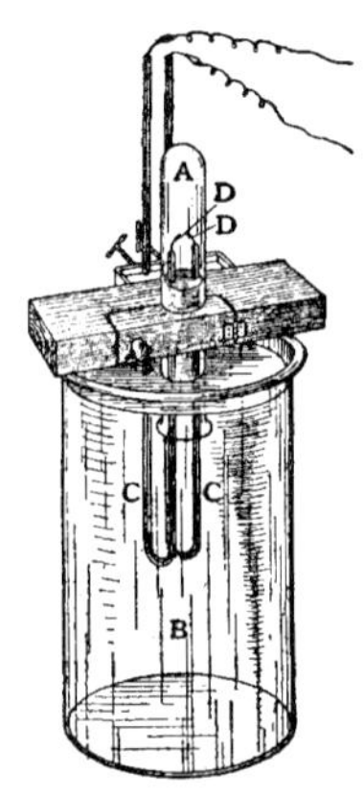

ANSWER

07 아르곤

QUIZ 08

산을 영어에서는 acid라고 한다. 이 단어는 맛의 한 종류를 나타내는 라틴어에서 유래하는데 어떤 맛을 뜻하는가?

해설 acid는 라틴어의 'acere'라는 말에서 유래된 것으로, acere는 '시다'라는 뜻을 가진다. 옛날부터 사람들은 레몬이나 포도 따위의 과일이 신맛을 내는 것과 우유나 술 등을 오랫동안 그대로 두면 신맛이 생기는 것을 알고 있었다.

또한, 신맛의 대표로서 널리 알려진 식초가 모든 신맛 물질 속에 포함되어 있다고 생각하고, 초를 산이라 이름 짓고, 식초 안에 함유되어 있는 산을 초산(아세트산)이라고 하였다. 이것은 '신 산'이라는 뜻이 되고, 대단히 신 물질을 뜻하기도 했다. 산에는 초산 외에도 염산, 황산 등이 있다.

QUIZ 09

산과 반대되는 성질을 가진 물질을 알칼리라고 부른다. 알칼리라는 말은 아라비아어에서 유래되었는데 무슨 뜻을 가지고 있는가?

해설 알칼리라는 말은 영어에서는 alkali라고 한다. 이것은 아라비아어의 'alquili'라는 말에서 유래된 것으로, al은 관사 quili는 '나무의 재'를 뜻한다. 알칼리에는 수산화나트륨이나 수산화칼륨 등이 있다.

ANSWER

08 신맛 09 나무의 재

QUIZ 10

리튬, 나트륨, 칼륨은 물과 만나면 수소를 급격하게 발생시키면서 폭발하는 성질이 있는데 이들 원소들을 무엇이라고 부르는가?

QUIZ 11

이 화학자는 화학반응에는 흡열반응(반응시 열을 흡수하는 화학반응)과 발열반응(반응시 열을 방출하는 화학반응)의 두 종류가 있음을 알아냈다. 열량계를 발명한 이 사람은 누구인가?

QUIZ 12

이것은 화학반응의 속도를 빠르게 도와주는 역할을 한다. 이것은 1597년 독일의 화학자 리바비우스가 처음 이름을 붙인 것으로 화학반응을 촉진시키는 역할을 하는데 이것은 무엇인가?

ANSWER

10 알칼리금속 11 베르톨레 12 촉매

해설 1821년 독일의 되버라이너는 알코올이 공기에 의해 산화되어 산으로 바뀔 때 촉매작용이 있다는 것을 알아냈다. 1833년 미세르리히는 알코올로부터 에테르를 만들 때 황산이 촉매 작용을 한다는 것을 발견했다.

1891년 오스트발트는 백금을 촉매로 사용해 암모니아를 산화시키는 데 성공했다. 그 후 프랑스의 시바티에는 니켈과 같은 금속을 촉매로 사용해 유기화합물에 수소를 첨가할 수 있었다.

QUIZ 13

이 사람은 반트호프, 오스트발트, 아레니우스와 함께 물리화학이라는 화학과 물리학이 융합된 새로운 분야를 구축했다. 그는 용액의 성질에 대한 많은 연구를 했고 또한 삼투압에 대해서도 많은 연구를 했다. 이 사람은 누구인가?

해설 셀로판 종이, 방광막 또는 세포의 원형질막은 크기가 작은 입자는 통과시키지만 크기가 큰 입자는 통과시키지 못하는 데 이런 막을 반투막이라고 한다. 반투막을 사이에 두고 농도가 다른 용액을 넣어 두면, 양쪽 용액의 농도가 같아지려는 성질 때문에 농도가 작은 용액의 용매가 농도가 큰 용액 쪽으로 이동하는데 이를 삼투라고 하고 삼투 현상이 일어날 때 양쪽 용액의 농도 차이때문에 나타나는 압력을 삼투압이라고 한다.

ANSWER

13 라울

소금을 물에 녹이면 소금을 용질이라고 하고, 물을 용매 그리고 소금물을 용액이라고 한다. 그리고 같은 양의 물에 소금이 많이 녹아 있을수록 소금물용액의 농도가 높다.

QUIZ 14

1887년 이 사람은 전해질 용액은 양이온과 음이온으로 나누어지는데 이것을 전리라고 부른다. 예를 들어 염화나트륨 용액에서는 염소가 음이온이 되고 나트륨이 양이온이 되는 전리가 일어난다. 이 사람은 전해질 용액이 희석될수록 전리가 잘 일어난다는 것을 발견했는데 이 사람은 누구인가?

QUIZ 15

무생물이 무기 화합물로 생물이 유기 화합물로 주로 이루어져있다고 주장한 사람은?

해설 1806년 스웨덴의 베르셀리우스

ANSWER

14 아레니우스 15 베르셀리우스

QUIZ 16

유기화합물과 무기화합물을 구분하는 원소는 무엇인가?

해설 탄소의 산화물과 탄산 화합물을 제외한 탄소 화합물을 유기화합물이라고 부르고 유기 화합물이 아닌 화합물을 무기화합물이라고 부른다. 예를 들어 벤젠과 아세틸렌은 탄소와 수소로 이루어진 화합물이라고 유기화합물이고 물은 수소와 산소로 이루어져 있으므로 무기화합물이다. 이산화탄소는 탄소의 산화물이므로 유기화합물로 분류되지 않고 무기화합물로 분류된다.

QUIZ 17

이 사람은 세 종류의 당인 글루코오스, 프록토오스, 수크로오스를 발견했고, 치즈로부터 아미노산인 루신을 발견했다. 이 사람은 누구인가?

QUIZ 18

녹말을 황산과 함께 끓이면 글루코오스가 만들어진다는 것을 처음 알아낸 사람은?

ANSWER

16 탄소 17 프루스트 18 키르히호프

해설

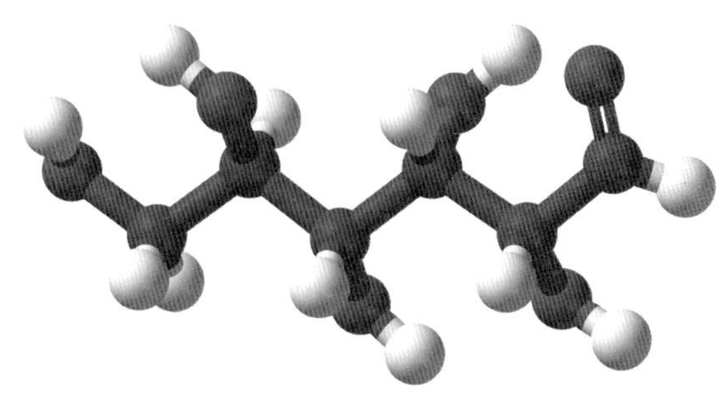

〈글루코오스 구조〉

QUIZ 19

1773년 소변으로부터 요소를 분리한 사람은?

해설 프랑스의 화학자 일레르 마랭 루엘

요소는 비료나 사료첨가제로도 쓰이는데 색이 없는 물질로 녹는점은 132.7℃이며, 끓는점에 도달하기 전에 분해된다. 요소는 포유류의 소변이나 혈액, 담즙, 땀 등에 들어있다. 단백질이 분해될 때 단백질 구성물질인 아미노산은 암모니아로 바뀌는데 이것이 간에서 요소로 바뀐 후 신장을 거쳐 소변으로 배설된다.

요소는 질소 함량이 높고 땅속에서 쉽게 암모니아로 바뀌기 때문에 질소비료에 이용된다. 요소는 알코올과 반응하여 우레탄을 만든다.

ANSWER

19 일레르 마랭 루엘

QUIZ 20

19세기에 화학자들은 유기화합물은 살아있는 동식물로부터만 얻을 수 있다고 주장했다. 이 이론을 생기론이라고 부른다. 1828년 이 사람은 자연으로부터 요소를 만듦으로써 생기론이 옳지 않다고 주장했다. 이 사람은 누구인가?

해설 뵐러(1800~1882)

독일의 뵐러는 수의사의 아들로 태어나 처음에는 의학을 공부하다가 화학자가 되었다. 그는 베를린에서 교사를 하다가 1836년에는 괴팅겐 대학교의 화학과 교수가 되었다. 그는 1827년 금속 알루미늄을 분리하는데 성공했다.

뵐러는 시안화은과 염화암모늄을 반응시켜 시안산 암모늄을 만들려고 하다가 용액을 건조시키는 동안 시안산암모늄이 요소로 바뀌는 것을 알아냈다. 그는 베르셀리우스에게 '동물의 신장에서만 요소가 만들어지는 것이 아니라 인공적으로 요소도 만들어진다.'는 내용의 편지를 보냈다.

25년 후 베르톨레는 글리세린과 지방산의 합성에 성공함으로써 유기화합물은 동식물에만 존재한다는 생기론은 빛을 잃게 되었다.

ANSWER

20 뵐러

QUIZ 21

이 사람은 뵐러의 제자로 최초로 무기물질로부터 아세트산을 합성하는 데 성공했다. 이 사람은 누구인가?

해설 순수한 아세트산은 빙초산이라고도 부르는데 끓는점이 117.9℃, 녹는점 16.6℃인 무색의 물질로 물과 잘 섞이는 성질이 있다. 묽은 아세트산의 수용액을 식초라고 부른다.

아세트산은 동식물의 몸속에 있는 유기물질이 산화되어 생긴 것으로 알려져 있었는데 콜베는 무기물질로부터 아세트산을 합성할 수 있다는 것을 알아냈다. 콜베는 이황화탄소를 염소로 처리해 테트라클로로메탄을 만들고 이것의 증기를 가열된 관을 통과시켜 테트라클로로에탄을 만들었다. 그는 햇빛 아래서 테트라클로로에탄을 물과 염소와 반응시켜 아세트산을 만들었다.

QUIZ 22

이 사람은 뛰어난 화학분석기술을 이용해 생화학분야에 많은 업적을 남겼다. 그는 혈액, 담즙, 소변 등을 분석했고 인체의 활력이나 체온이 음식물의 연소에 의해 유지된다는 이론을 제시했다. 이 사람은 누구인가?

ANSWER

21 콜베 22 리비히

해설 리비히의 아버지는 의약품이나 페인트를 제조 판매하는 상인이었다. 그래서 리비히는 어릴 때부터 아버지의 가게를 실험실로 이용해 많은 화학실험을 할 수 있었다. 그는 어린 시절 약국에 취직한 후 스스로 만든 폭약을 실험하다가 약국 창문을 깨뜨려 약국에서 쫓겨났다. 그 후 그는 프랑스로 유학가 게이뤼삭의 제자가 되었다.

1824년 리비히는 뇌산은(AgONC)이라 부르는 폭약을 만들었다. 당시 독일의 뵐러가 화학식으로는 AgONC라고 똑같이 쓸 수 있는 이안산염을 만들었다. 뇌산은과 시안산염은 화학식으로는 똑같지만 원자의 배열이 달라서 다른 성질을 띠는 데 이런 성질을 가진 두 물질을 이성질체라고 부르게 되었다. 이 인연으로 리비히는 뵐러와 평생 우정을 나누게 되었다.

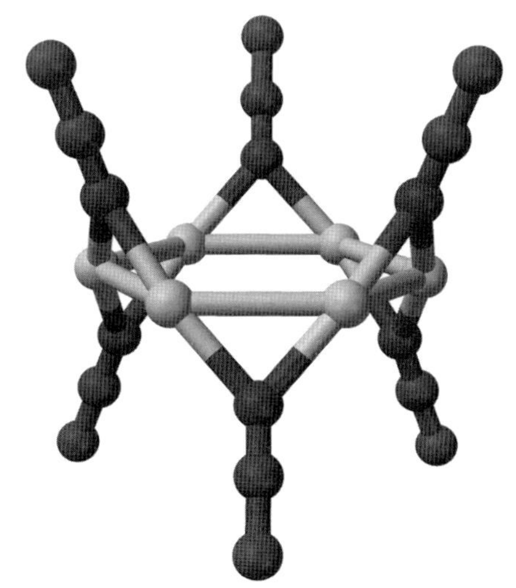

리비히는 또한 농업화학에서도 수많은 연구를 했다. 그는 토양이 척박해지는 원인이 흙속에 들어있는 광물질을 식물이 소비하기 때문이며 식물의 생명 유지를 위해 나트륨, 칼슘, 칼륨, 인등이 필요하다는 것을 알아냈다. 그는 이런 성분들을 포함한 인공 비료 제작을 시도했지만 식물에게 꼭 필요한 질소를 비료에 첨가하지 않아 그의 비료는 실패로 돌아갔다.

QUIZ 23

시안화 수소의 화학식은 HCN이다. 즉 시안화 수소는 수소 원자, 탄소원자, 질소원자로 이루어져 있다. 여기서 탄소와 질소의 화합물인 CN은 수소나 금속과 결합할 때 하나의 단체인 것처럼 행동한다. 이렇게 여러 개의 원자가 모여 하나의 단체처럼 행동하는 것을 무엇이라고 부르는가?

해설 CN은 시안기라고 부른다. 예를 들어 수산화나트륨은 화학식이 NaOH인데 이때 OH는 수산기라고 부르는 기이다. 기의 개념은 라부아지에게 산을 연구하면서 싹트기 시작했다. 그 후 게이뤼삭이 시안기를 연구했고 리비히와 뵐러는 유기화학에서의 기에 대한 공동연구를 했다. 두 사람은 1832년 벤조일 기(C_6H_5CO)를 발견했고 이듬해에는 에틸기(C_2H_5)를 발견해 유기화합물에서 기의 중요성을 부각시켰다.

ANSWER

23 기

QUIZ 24

벤젠의 구조가 육각고리 모양이라는 것을 처음 알아낸 화학자는 누구인가?

해설 케쿨레는 1829년 독일 다름슈타트에서 태어났다. 그는 대학에서 건축학과를 다니다가 화학으로 방향을 바꾸어 벤젠의 육각고리 모양 구조를 처음으로 알아냈다.

19세기 중엽 화학자들은 원자들의 결합을 설명하기 위해 원자가라는 개념을 도입했다. 가장 기본이 되는 원소인 수소에는 원자가를 1가로 했다.

ANSWER

24 케쿨레

그리고 물은 수소 원자 두 개와 산소 원자 한 개로 이루어져 있으므로 산소원자는 원자가가 2가로 되었다. 화학자들은 원자가가 1가인 원자는 팔을 하나, 원자가가 2가인 원자는 팔을 두 개로 나타내기로 했다. 그러므로 물은 다음과 같이 그림으로 나타낼 수 있다.

H - O - H

위 그림을 보면 수소(H)에는 팔이 하나가 달려 있어 원자가가 1임을 나타내고 산소(O)에는 팔이 두 개 달려 있어 원자가가 2임을 나타낸다.

케쿨레는 이산화탄소는 탄소원자 한 개와 산소원자 2개로 이루어져 있으므로 탄소원자(C)의 원자가는 4가 되어야 한다는 것을 처음 알아냈다. 즉 이산화탄소는 다음과 같이 나타낼 수 있다.

O = C = O

또한 탄소원자 한 개와 수소원자 네 개로 이루어진 메탄은 다음과 같이 나타낼 수 있다.

```
      H
      |
H  -  C  -  H
      |
      H
```

1865년 케쿨레는 6개의 탄소와 6개의 수소로 이루어진 벤젠의 구조를 연구하던 중 꿈속에 뱀이 스스로의 꼬리를 물고 빙빙 돌며 움직이는 것을 보고는 벤젠의 육각 고리 구조를 발견했다.

DEUTSCHE BUNDESPOST
Kekulé
10
100 JAHRE BENZOLFORMEL

퀴즈 화학의 역사

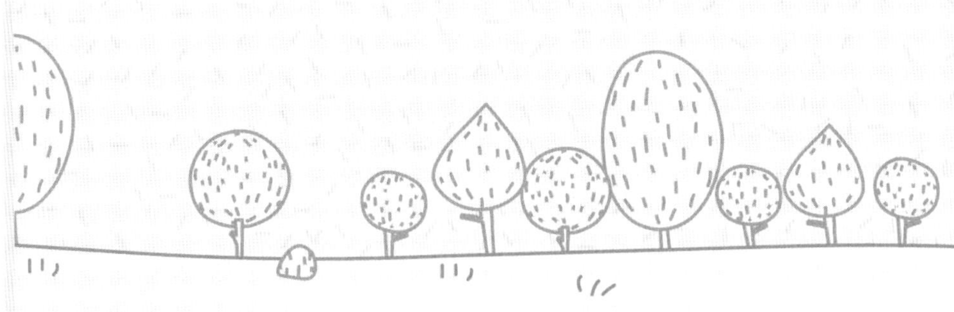

제4부

현대 화학의 역사

QUIZ 01

유리관 안에 양극과 음극을 설치하고 양극과 음극을 전지에 연결하면 서로 떨어져 있는 양극 사이에 전기가 흐르는데 이 현상을 전기방전이라 부른다. 전기방전이 발광을 일으키며 그 색깔은 관을 채운 기체에 따라 달라진다는 것을 처음 알아낸 사람은?

해설 1821년 데이비는 목탄전극을 이용해 이 실험을 했다.

QUIZ 02

데이비의 실험에서 관안의 기체 압력이 극도로 낮으면 양극의 중간지점에 발광이 없는 어두운 부분이 생긴다는 사실을 처음 확인한 사람은?

해설 패러데이(Michael Faraday, 1791~1867)

1838년 영국의 패러데이는 여러 종류의 기체로부터 스파크의 형태로 나타나는 전기 방전에 대해서 연구했다. 그는 대기압에서의 기체 방전뿐만이 아니라 압력이 낮아 졌을 때의 방전의 모습도 관찰했다. 그는 기체의 기압이 낮아지면 양극에서 음극까지 지속적인 발광이 나타나다가 기압이 극도로 낮아지면 양극의 중간 지점에서 어두운 지역이 나타나며 발광이 중단되는데 그 지역을 패러데이 암부(Faraday dark space)라고 부른다.

ANSWER

01 데이비 02 패러데이

QUIZ 03

유리관 안을 높은 진공 상태로 만들 수 있는 수은 진공 펌프를 발명한 사람은?

해설 1855년 가이슬러가 발명했다. 그는 이 진공 펌프로 방전관 안의 공기를 뽑아내어 방전관 안을 대기압의 만 분의 1 정도의 진공 상태로 만들 수 있었다.

〈진공펌프〉

ANSWER

03 가이슬러

QUIZ 04

1858년 독일의 플뤼커(Julius Plucker, 1801~1868)는 유리기구 제작자인 가이슬러(Heinrich Geißler, 1814~1879)에게 전기 방전에 필요한 높은 진공의 유리관을 만들게 했다. 이 유리관의 이름은?

해설

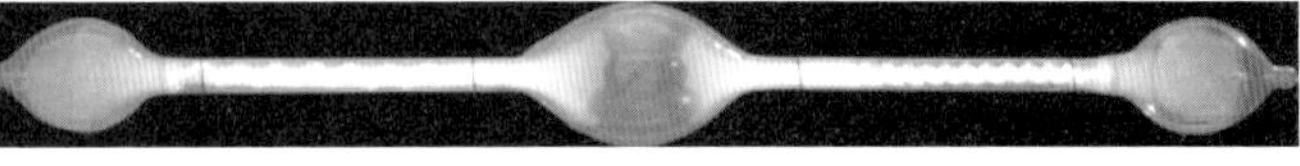

〈가이슬러관〉

QUIZ 05

가이슬러관에서 생긴 기체 방전이 자석을 가까이 하면 휘어진다는 것을 처음 발견한 사람은?

해설 1858년 전기 방전을 연구하던 플뤼커는 자석 근처에서 기체 방전이 휘는 것을 관찰했다. 더 나아가 그는 방전관의 음극 근처에서 밝은 녹색의 발광이 생기는 것을 관찰했다.

플뤼커의 제자 히토르프(Johann Wilhelm Hittorf, 1824~1914)는 가이슬러의 수은 진공펌프와 룸코르프의 고전압 발생장치를 이용해서 1869년 고진공 방전관을 만들고 그 속에서 음극에서 양극으로 직선으로 나아가는 빔을 발견했다. 그는 이 빔이 자석에 의해 휘어지고 유리에 닿으면 발광을 한다는 것도 알아냈다.

ANSWER

04 가이슬러관 05 플뤼커

1876년 독일의 골드슈타인은 히토르프가 발견한 빔에 음극선이라는 이름을 붙였다.

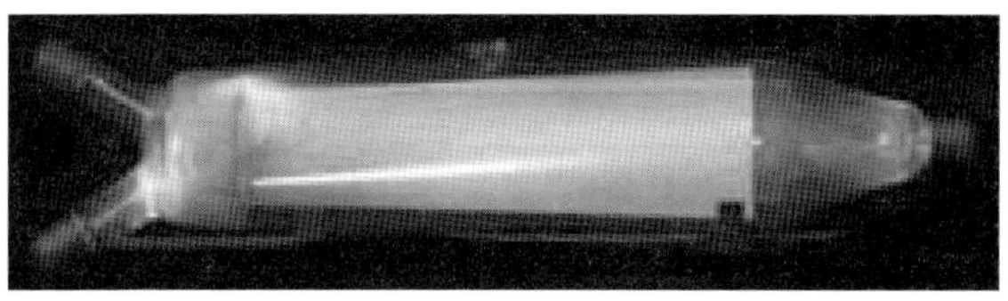

〈음극선〉

1879년 크룩스(William Crookes, 1832-1919)는 음극선이 음의 전기를 띠고 있는 알갱이들의 흐름이라고 주장했다.

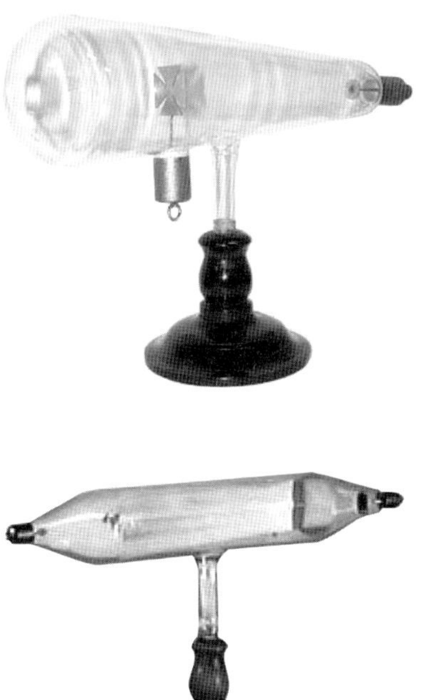

QUIZ 06

이 사람은 음극선이 음의 전기를 띤 아주 가벼운 입자의 흐름이라는 것을 알아냈다. 그가 발견한 이 입자는 전자라고 부르는데 전자의 발견을 통해 최초의 원자 모형을 만든 사람은 누구인가?

해설 음극선의 정체를 두고 많은 과학자들의 의견이 분분했다. 어떤 과학자들은 음극선이 빛과 같은 파동이라고 생각했고 어떤 과학자들은 음극선이 질량을 가진 작은 입자들의 흐름이라고 생각했다.

톰슨은 먼저 음극선이 자석에 의해 휘어지는 현상을 조사했다. 그는 음극선이 자석에 의해 휘어지는 정도와 음극선의 충돌에 의해 생긴 열을 측정해 음극선을 이루는 입자의 질량이 수소원자의 질량의 천 분의 일 보다 작다는 것을 알아냈다. 1897년 톰슨 그때까지의 실험 결과를 정리해 음극선이 음의 전기를 띤 아주 가벼운 입자들의 흐름이라는 것을 알아냈다. 톰슨은 이 입자를 미립자라고 불렀는데 그것이 바로 전자이다. 전자라는 이름은 1891년 전기의 기본단위를 나타내기 위해 영국의 물리학자 스토니가 처음 붙인 이름이다.

ANSWER

06 톰슨

전자의 발견을 발표한 후에도 톰슨은 실험을 계속했다. 그는 이번에는 음극선이 전기장에 의해 휘어지는 지를 알아보는 실험을 했다. 그는 음극선이 두 개의 알루미늄 판 사이를 지나게 했고 판의 위쪽은 음의 전기를 아래쪽은 양의 전기를 띠게 했다. 음극선은 음의 전기를 띤 입자의 흐름이므로 양의 전기를 띤 판 쪽으로 휘어졌다.

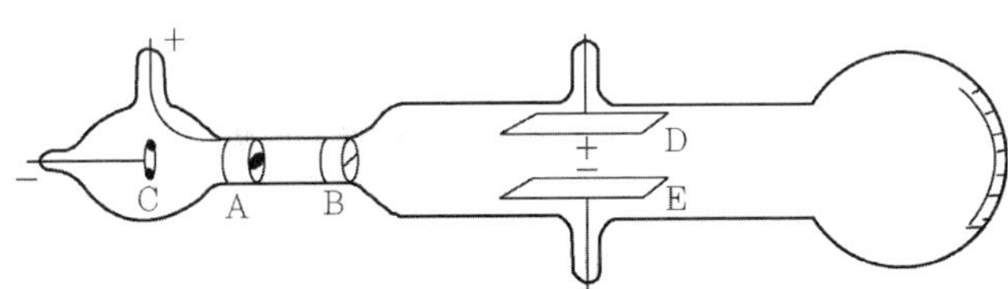

QUIZ 07

네온사인을 발명한 사람은?

ANSWER

07 클로드

해설 방전관의 발명은 현대사회의 중요한 두 발명을 이루었다. 1910년 프랑스의 클로드(Georges claude; 1870~1960)는 방전관 안에 네온 기체를 채워 붉은 빛이 나오는 등을 발명했는데 이것이 바로 네온사인이다.

QUIZ 08

형광등을 발명한 사람은?

해설 1938년 미국의 인맨은 방전관을 이용하여 형광등을 발명했다. 방전관 안에 수은 기체를 넣으면 전자와 수은기체들이 충돌해 자외선이 방출된다. 그는 유리관의 안쪽에 형광물질을 발랐더니 자외선과 부딪친 형광물질에서 흰 빛이 발생하는 것을 알아냈다.

QUIZ 09

최초로 원자 모형을 만든 사람은 누구인가?

해설 음극선의 정체가 음의 전기를 띤 전자라는 것을 발견한 톰슨은 전자가 음극을 이루는 금속에서 튀어 나왔으며 금속은 원자로 이루어져 있으므로 원자 속에 전자가 있어야한다고 생각했다.

ANSWER

08 인맨 09 톰슨

하지만 보통의 원자는 전기를 띠지 않으므로 원자 속에는 양의 전기를 가진 부분도 있어야한다. 톰슨은 원자가 양의 전기가 균일하게 분포되어있는 공 모양에 아주 작고 가벼운 전자가 골고루 박혀 있는 모양이라고 생각했다. 수박을 원자에 비유하면 수박 살이 양의 전기를 띤 부분이고 수박씨가 전자로 생각하면 된다.

QUIZ 10

방사선은 투과성이 있는 빔을 말한다. 최초의 방사선은 무엇인가?

해설 X선은 독일의 물리학자 뢴트겐(Wilhelm Konrad Roentgen 1845~1923)이 발견했다. 뢴트겐은 1845년 독일의 레네프에서 직물업(옷감을 파는 가게)을 하는 부모의 외아들로 태어나 1879년 기센 대학 물리학과 교수가 되었고 1895년에는 눈에 보이지 않는 투과력이 있는 방사선인 X선을 발견하여 세상을 깜짝 놀라게 했다. 그 공로로 뢴트겐은 영광스럽게도 초대 노벨물리학상 수상자가 되었다.

ANSWER

10 X선

뢴트겐의 아버지는 독일인이고 어머니는 네덜란드 사람이어서 뢴트겐은 어려서부터 두 나라의 말을 배웠고 초등학교도 네덜란드에서 다녔다. 그의 학창 시절은 순탄하지 못했다. 그는 고등학교 때 친구가 선생님의 얼굴을 우스꽝스럽게 그려 그 그림을 쉬는 시간에 아이들이 돌려 보았다. 그런데 하필 그가 그 그림을 보고 킥킥 대는 순간에 선생님이 교실로 들어와 그림을 빼앗았다. 선생님은 얼굴이 붉으락푸르락해지시더니 뢴트겐에게 그림을 그린 사람의 이름을 대라고 했다. 뢴트겐은 누가 그렸는지는 알고 있었지만 친구에 대한 의리 때문에 끝끝내 친구의 이름을 대지 않았고 결국 선생님은 뢴트겐이 그 그림을 그려서 아이들에게 돌린 것으로 생각하고 뢴트겐을 퇴학시켰다.

독일에서는 교장 선생님의 추천서가 있어야지만 대학에 들어갈 수 있는 데 학교에서 제적당한 뢴트겐은 독일의 어떤 대학에도 진학할 수 없었다. 그래서 그는 고등학교 졸업장이 필요 없는 스위스 취리히의 연방공과대학 기계공학과에 입학했다.

뢴트겐은 손재주가 좋아 24세에 기계공학으로 박사학위를 받았다. 대학 시절에 뢴트겐은 여러 가지 물리 실험용 기기를 만들었는데 당시 물리학과의 쿤트 교수는 뢴트겐이 만든 실험기기를 이용하여 실험을 하곤 했다. 대학졸업 후 쿤트 교수는 뢴트겐에게 물리학을 해보라고 권유해 그때부터 물리학자의 길을 걸었다.

1874년 뢴트겐은 쿤트 교수를 따라 슈트라스부르크로 가서 교수 자격 과정을 이수했다. 하지만 고등학교에서 퇴학을 당한 그는 졸업장이 없어 번번이 정식 교수가 되지 못하고 좌절을 겪었다.

하지만 뢴트겐은 포기하지 않고 계속 교수에 도전하여 1879년 마침내 기센 대학의 교수가 되었고 1888년에는 뷔르츠부르크 대학의 이론 물리학 교수가 되었다. 뢴트겐은 고등학교 졸업장이 없는 최초의 독일 대학 교수이다.

뢴트겐에게 많은 영광을 가져다 준 X선의 발명은 정말 우연한 결과였다. 뢴트겐이 X선을 발견한 1895년 까지 그는 별로 알려지지 않은 물리학자였다. 그때까지 그는 49편의 논문을 발표했지만 사람들의 관심을 끌 만한 논문은 없었다. 당시 뢴트겐은 크룩스의 방전관에 관심이 많았는데 손재주가 좋은 뢴트겐은 쉽게 방전관을 제작할 수 있었다. 그리고는 방전관에서 나오는 신비로운 빛에 반해 깜깜한 실험실에서 방전관 실험을 자주 하곤 했다.

1895년 어느 날 뢴트겐은 실험실에서 방전관 실험을 마치고 전원을 끄고 방전관에 검은 천을 덮고 나오려는 순간 실수로 스위치를 건드려 방전관이 작동되었다.

그런데 놀라운 일이 일어났다. 어두운 실험실 한 쪽에 놓여 있던 형광스크린이 반짝거리는 것이었다. 물론 방전관이 작동되었으므로 관안에 푸르스름한 빔이 생겼겠지만 방전관은 검은 천으로 뒤덮여져 있어 그 빛이 밖으로 새어나오지는 못한다. 뢴트겐은 검은 천을 뚫고 나와 형광스크린을 깜빡거리게 한 미지의 빔에 대해 궁금해 했다.
형광이란 물체에 자외선과 같은 눈에 보이지 않는 빛을 쪼여주면 물체가 눈에 보이는 빛을 내는 현상을 말한다. 그러므로 뢴트겐의 우연한 발견은 형광스크린에 눈에 보이지 않는 빛이 쪼여 졌다는 것을 의미한다. 뢴트겐은 이 빛이 방전관에서 만들어졌다고 생각했다. 그리고 강력한 투과력을 가지고 있어 검은 천을 뚫고 나와 형광스크린에 도달했다고 생각했다. 뢴트겐은 정체를 알 수 없는 이 미지의 빛을 X선이라고 불렀다. 방정식에서 미지수를 X라고 놓는 데서 이런 이름이 붙인 것이었다. 뢴트겐은 X선이 정말로 물체를 투과할 수 있는 지를 실험해 보기로 했다. 방전관과 형광스크린 사이에 나무나 책을 놓고 방전관 스위치를 올리자 형광스크린이 깜빡거렸다. X선이 나무나 책을 쉽게 뚫고 지나갔기 때문이었다.
뢴트겐은 X선이 어떤 물체까지 투과할 수 있는 지를 알아보기 위해 방전관과 형광스크린 사이에 두꺼운 금속판을 놓았다. 이번에는 형광스크린이 전혀 깜빡 거리지 않은 것을 보고 X선이 두꺼운 금속을 뚫고 지나갈 수 없음을 알아냈다.

QUIZ 11

아래 그림은 뢴트겐이 촬영한 최초의 X선 사진이다. 이 손뼈 사진의 주인공은 누구인가?

해설

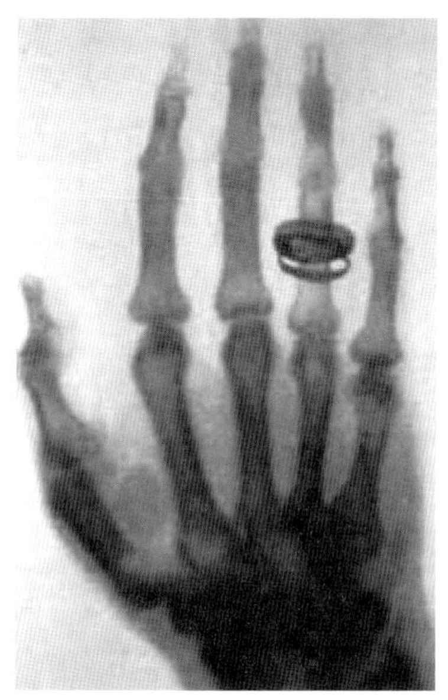

뢴트겐은 X선을 사람에게 쪼이면 단단한 뼈는 뚫고 지나가기 못하고 살은 뚫고 지나갈 것이라는 생각을 품었다. 뢴트겐은 이 생각을 실험하기 위해 아내에게 부탁을 했다. 방전관 앞에 아내의 손을 놓고 그 뒤에는 사진 필름을 놓았다.

ANSWER

11 뢴트겐의 아내

스위치를 올리자 방전관이 작동되고 X선이 뢴트겐의 아내의 손을 향했다. 아내의 손 뼈 쪽으로 지나가는 X선은 손뼈를 통과하지 못하고 그 외의 지역을 지나간 X선은 손을 통과하여 사진필름을 하얀 색으로 변하게 했다. 사진 필름에 나타난 모습은 손뼈 부분만이 검게 나타나고 다른 부분은 하얗게 변해버린 그런 사진이었다. 즉 뢴트겐은 세계 최초로 X선 사진을 찍는데 성공한 것이다.
뢴트겐은 X선에 대한 실험결과들을 모두 모아서 뷔르츠부르크 물리학회지에 〈새로운 광선에 대하여〉라는 제목의 논문을 발표했다. 이 논문으로 그는 많은 사람들의 입에 오르내릴 정도로 유명해졌고 1896년 1월 4일독일 물리학회 50주년 행사에서 그는 X선에 대한 강연을 했고 많은 과학자들의 관심을 끌었다. 과학자들 못지않게 의사들의 관심도 대단했다. 그들은 뢴트겐의 아내의 손뼈 사진을 보고 X선이 사람 몸속의 뼈 사진을 찍을 수 있는 좋은 의료기기가 될 것을 확신했다. 그래서 뢴트겐은 여러 병원을 돌면서 X선에 대한 강연을 해주었다.

1901년 뢴트겐은 X선 발견에 대한 공로로 제1회 노벨 물리학상을 수상했다. 한편 유명한 전기회사에서 X선에 대한 특허를 자신들이 사겠다고 했다. 물론 X선의 특허를 넘기면 많은 돈을 벌 수 있었지만 뢴트겐은 'X선은 모든 인류의 것이지 나의 것은 아닙니다.'라는 말을 하고 그 제안을 거절했다. 그는 X선이 모든 사람들을 이롭게 해야 한다고 생각했기 때문이었다.
X선 발견은 큰 파장을 몰고 왔다. X선은 외과 수술에서 중요한 역할을 하게 되는데 1886년 1월 20일 베를린의 어느 의사는 X선을 이용하여 손가락 속에 박힌 유리조각을 꺼냈고 같은

해 2월 7일 영국의 한 의사는 X선으로 어떤 소년의 두개골에 박힌 총알을 꺼내는데 성공했다. 이로써 방사선 의학으로 알려진 분야가 X선의 발견으로 싹트게 되었다.

X선으로 촬영한 손뼈 사진을 본 일반 시민들은 충격에 휩싸였다. 특히 여자들의 경우는 더 그랬는데 그들은 X선이 사람의 알몸을 들여다 볼 수 있는 투시력을 가졌다고 여기고 외출을 꺼리는 소동까지 벌어졌다.

QUIZ 12

이 사람은 우라늄에서 방사선이 나온다는 것을 알아냈다. X선이 인공방사선인 반면 그가 발견한 방사선은 자연방사선이라고 부른다. 최초의 자연방사선을 발견한 이 사람은 누구인가?

해설 1896년 프랑스 소르본 대학 물리학과의 베크렐 교수는 방사선을 내는 원소를 처음으로 발견했다. 이 발견은 아주 우연히 이루어진 사건이었다.

뢴트겐의 X선 발견에 많은 관심을 가지고 있었던 베크렐은 사진 필름위에 광물들을 올려놓고 투과력이 있는 광선이 나오는지를 조사하고 있었다. 그런데 날씨가 이 주 동안 너무 흐려 실험을 할 수 없다고 판단한 베크렐은 그 광물을 서랍 속에 처박아 두었다. 이때 우연히 서랍 속에는 사용하지 않은 필름 더미가 들어있었고 광물은 그 위에 놓이게 되었다.

ANSWER

12 베크렐

얼마 후 베크렐이 광물을 꺼냈을 때 필름이 뿌옇게 변한 것을 알고는 그 광물로부터 미지의 광선이 나온다고 생각했다. 베크렐은 그 광물이 우라늄을 포함하고 있으므로 이 광선이 우라늄에서 나온 광선이라고 단정했다.

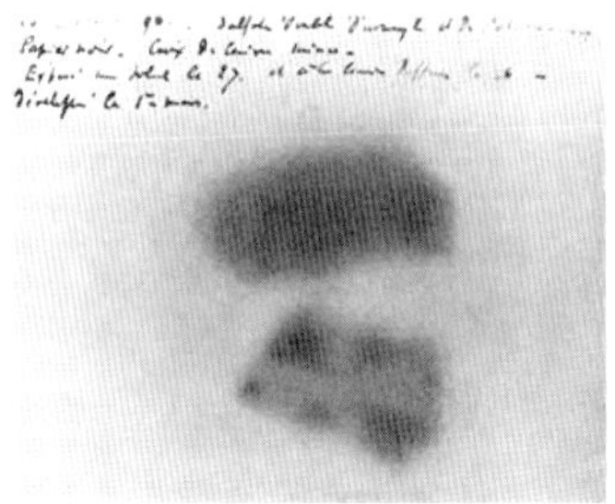

그는 이 광선이 방사선인지 아닌 지를 알아보기 위해 필름 위에 종이를 올려놓고 광물을 올려놓았다. 물론 필름은 뿌옇게 변했다. 이것은 이 광선이 종이를 투과하는 방사선임을 알려주었다. 그는 종이 위에 조그만 동전을 올려놓았다. 그리고 다시 광물을 그 위에 올려놓았다. 그러자 필름에는 동전이 있는 부분은 색깔이 변하지 않고 그 외의 부분은 색깔이 뿌옇게 변했다. 즉 우라늄에서 나오는 방사선도 X선처럼 동전과 같은 단단한 물질은 투과하지 못하고 연한 물질는 투과하는 성질이 있었다.

QUIZ 13

최초로 노벨상을 두 번 수상한 이 과학자는 누구인가?

해설 퀴리부인(Marie Curie 1867~1934년)

ANSWER

13 퀴리부인

퀴리부인은 노벨상을 수상한 최초의 여성, 최초의 물리학과 교수, 최초로 노벨상을 두 번 수상한 여자 등 그 앞에 붙는 수식어가 화려한 20세기 최고의 여자 과학자이다. 퀴리부인의 어릴 때 이름은 마리아 살로메 스클로도프스카였는 데 부모님이 교사인 덕택에 다른 사람들 보다는 좀 나은 생활을 할 수 있었다. 하지만 그녀가 열 살 때 어머니가 돌아가시고 아버지가 저축한 돈을 잘못 투자해 모두 날리고 난 후에는 가난한 삶을 살게 되었다.

그런 환경에서도 공부벌레인 퀴리부인은 1883년 바르샤바 국립여학교를 일등으로 졸업하며 금메달을 받았다. 당시 폴란드에서는 여자들이 대학 입학이 허용되지 않아 퀴리부인은 언니와 친구들과 함께 이동대학이라는 가짜대학을 만들어 여러 분야의 글을 읽고 토론하기를 즐겼다.

1885년부터 퀴리는 가난한 집안 형편을 돕기 위해 가정교사 생활을 했다. 하지만 수학과 물리학을 계속 공부하고 싶어 했던 퀴리는 1891년 파리로 떠나 소르본 대학에 입학했다. 이후 수학과 물리학을 동시에 공부한 그녀는 1893년에 물리학과를 일등으로 졸업하고 그 이듬해에는 수학과를 이등으로 졸업했다. 대학을 졸업한 퀴리부인은 물리화학학교의 실험실에서 연구를 하게 되었는데 이곳에서 그녀는 자석에 대한 물리학을 연구하던 피에르 퀴리를 만나 사랑에 빠져 두 사람은 1895년 7월에 결혼식을 올렸다.

두 물리학자가 결혼식을 올린 그 해 11월 독일 괴팅겐 대학의 뢴트겐 교수가 최초의 방사선인 X선을 발견했다. 또한 베크렐 교수는 우라늄에서 자연방사선이 나온다는 것을 알아냈다.

베크렐의 발견은 퀴리 부부에게 큰 자극이 되었다. 당시 박사 논문 주제를 생각하고 있던 퀴리부인은 방사선 연구를 박사 논문 주제로 결정했다. 퀴리부인은 베크렐 교수의 도움으로 소르본 대학의 조그만 창고를 실험실로 배정받았다.

퀴리부인은 먼저 베크렐의 실험을 재연했다. 그런데 놀랍게도 우라늄에서 나오는 방사선과 우라늄이 섞여 있는 화합물에서 나오는 방사선의 양이 같다는 것을 알아냈다. 이것은 방사선이 화학반응에 의해 나오는 것이 아니라 우라늄 원자가 자체적으로 뿜어내고 있다는 것을 의미했다. 퀴리부인은 이렇게 어떤 물질이 스스로 방사선을 내는 능력을 방사능이라고 이름 짓고 방사능을 내는 또 다른 물질들을 찾아보았다. 그 결과 그녀는 우라늄 뿐 아니라 토륨에서도 방사선이 나온다는 것을 알아냈다. 이렇게 방사능물질에 미쳐 있던 중 1898년 퀴리부인은 우라늄이 포함되어 있는 피치블렌드라는 광석에서 우라늄에서 나오는 방사선보다 훨씬 강한 방사선이 나오는 것을 알아냈다. 이것은 이 광석 속에 우라늄보다 강한 방사선을 내는 원소가 있음을 의미한다. 그녀는 남편을 설득하여 피치블렌드 속의 새로운 원소를 찾기로 결심했다.

퀴리부부가 낡고 허름한 창고 실험실에서 이 일을 하는 것은 매우 힘겨운 일이었다. 광석에는 수많은 원소들이 들어 있는데 이들을 분리하는 과정은 매우 고된 작업이기 때문이다. 퀴리부부는 광석을 갈아 가루로 만들고 그 것을 체로 거른 다음 끓여서 녹이고 액체를 증발 시킨 다음 남은 것을 여과하고 증류하는 방법으로 방사선을 내는 물질들을 분리했다.
그 결과 퀴리부부는 피치블렌드속의 우라늄을 제거하고 남은 부분에서 우라늄보다 강한 방사능을 가진 두 종류의 새로운 원소가 있다는 사실을 알아냈다. 그 중 하나는 퀴리부인의 조국 이름인 폴란드를 따서 폴로늄이라고 불렀고 다른 하나는 방사능을 나타내는 영어 라디에이션을 따라서 라듐이라고 이름 지었다.

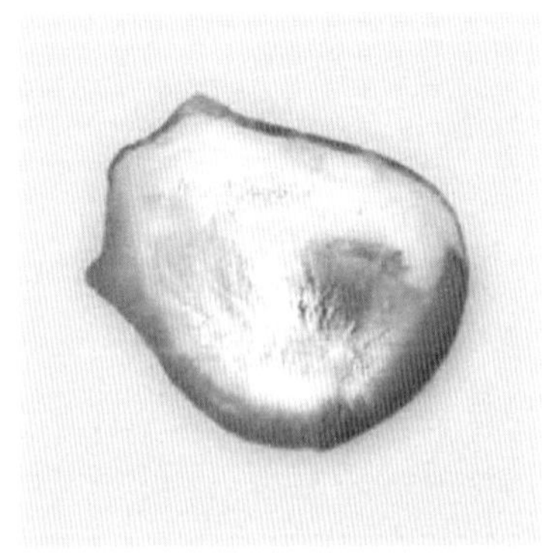

이 실험에서 다행히 폴로늄은 순수한 금속으로 분리되었다. 폴로늄은 강한 방사선을 방출하기 때문에 주위의 공기가 강한 방사선에 가열되어 빛을 냈다. 피에르 퀴리는 강한 빛을 내는 폴로늄을 주머니에 넣고 다니면서 다른 과학자들에게 빛을 내는 마법의 돌이라고 자랑하기도 했다.

퀴리부부는 이 발견으로 1903년 베크렐과 함께 노벨물리학상을 받았고 이때 받은 상금은 모자라는 연구비로 충당되었다.

하지만 라듐의 분리는 간단하지 않았다. 라듐은 폴로늄처럼 순수한 금속으로 추출된 것이 아니라 화합물의 형태로 추출되었기 때문이었다. 라듐의 화합물에서 금속 라듐을 분리하는 데는 전기분해 방법을 써야했다. 퀴리부부는 다시 이 일에 뛰어 들었다.

1906년 4월 19일 퀴리부인에게 비보가 날아들었다. 남편 피에르 퀴리가 생각에 잠긴 채 길을 걷다가 무거운 짐을 실고 빠르게 달리는 마차에 치여 죽는 사건이 벌어진 것이었다. 피에르의 죽음으로 절망에 빠진 퀴리부인에게 소르본 대학에서는 남편이 맡던 교수직을 물려줌으로써 퀴리부인의 연구를 도왔다. 이로써 1906년 퀴리부인은 여성으로 최초로 소르본 대학의 교수가 되었다.

그 후 1910년 퀴리부인은 오랜 실험 끝에 순수한 라듐을 얻는데 성공했다. 그것은 흰색 광택이 나는 금속이었는데 이 발견으로 퀴리부인은 1911년 두 번째 노벨상인 노벨화학상을 받았다.

1914년 제1차 세계대전이 벌어지자 퀴리부인은 큰 딸 이렌 퀴리와 함께 X선 장비를 이용해 부상자들의 몸속에 박힌 총탄이나 파편을 찾아내 진료에 도움을 주었다. 1918년 전쟁이 끝난 후에는 라듐의 평화적 이용을 위해 라듐연구소를 만들었다.

1920년 52세의 퀴리부인은 라듐연구소의 기금 마련을 위해 미국을 방문해 순회강연을 펼쳤고 당시 미국의 하딩 대통령은 그녀의 공적에 대한 감사로 수십만 달러에 해당하는 순수한 라듐 1그램을 라듐연구소에 기증했다.

1922년 파리 과학아카데미 회원이 된 퀴리부인은 라듐을 암 치료에 이용하거나 강한 방사선을 이용하여 실험을 해야 하는 많은 과학자들이 이용할 수 있게 했다. 퀴리부인의 딸 이렌 퀴리와 사위인 졸리오 퀴리도 라듐을 이용하여 인공방사능 물질을 발견해 노벨화학상을 탔다.

퀴리부인은 엄청난 부를 얻을 수 있었던 라듐 제조법에 대해서도 특허를 내지 않고 모든 과정을 공개했다. 그것은 학문의 발전과 젊은 후계자들을 격려하기 위한 것이었다. 이 일로 가장 덕을 본 나라는 미국이었다. 미국은 라듐, 우라늄 등 특허가 없는 방사능 원소의 농축에 가장 발전을 이루었다.

퀴리부인의 몸은 라듐에서 나오는 강한 방사선으로 점점 망가져 가고 있었다. 8년간의 라듐추출 작업동안 그녀의 손가락은 심한 화상을 입어 펜을 잡을 수도 없게 되었고 얼굴은 시체처럼 점점 창백해져 갔다. 이렇게 오랫동안 방사선에 중독된 그녀는 1934년 백혈병으로 사망했다. 1894년 이후 40년 동안 그녀가 쏘인 방사선의 양은 일반인이 일상생활에서 평생 받는 방사선의 양의 600억 배 정도였다.

QUIZ 14

자연방사선의 종류는 세 가지라는 것을 알아낸 두 사람은 누구인가? 세 종류의 방사선의 이름은?

해설 자연방사선에는 알파선, 베타선, 감마선의 세 종류가 있다. 1899년 러더퍼드는 우라늄에서 나오는 두 종류의 방사선이 서로 다르다는 것을 알아내고 각각 알파선과 베타선이라고 이름을 붙였다. 그 후 1900년 프랑스의 빌라드는 라듐에서 나오는 아주 투과력이 강한 방사선이 알파선, 베타선과 다르다는 것을 알아내고 감마선이라고 불렀다.

QUIZ 15

알파선, 베타선, 감마선의 차이는 무엇인가?

해설 알파선은 알파입자들의 흐름으로 알파입자는 헬륨의 원자핵으로 양의 전기를 띠고 있다. 베타선은 베타입자의 흐름으로 베타입자는 음의 전기를 띠고 있는 전자이다. 감마선은 파장이 극도로 짧은 눈에 보이지 않는 빛이므로 전기는 띠지 않는다. 세 종류의 방사선을 알루미늄 판에 투과시켰을 때 방사능의 세기가 반으로 줄어드는 두께를 조사하면 알파선은 0.0005센티미터, 베타선은 0.05센티미터, 감마선은 8센티미터로 감마선이 투과력이 제일 강하고 알파선이 투과력이 제일 낮다.

ANSWER

14 러더퍼드와 빌라드, 알파선, 베타선, 감마선

QUIZ 16

러더퍼드는 원자는 양의 전기를 띤 아주 작은 알갱이의 주위를 전자가 돌고 있다고 생각했다. 이 작은 알갱이는 무엇이라고 부르는가?

해설 1911년 가이거, 마스딘, 러더퍼드는 라듐에서 방출된 알파선을 작은 구멍이 뚫린 납판에 쪼여 구멍을 통해 나온 알파입자의 빔을 만들었다. 이것은 알파선이 납을 통과하지 못하는 성질을 이용한 것이다.

러더퍼드는 이렇게 만들어진 가느다란 알파입자 빔을 얇은 금박에 입사시켜 금박을 지나가는 알파입자 빔이 스크린에 부딪히게 했다. 금박을 통해 투과가 일어나면 스크린이 번쩍거리게 된다.

금박은 금원자들이 주기적으로 배열되어 있으므로 금박을 투과한 알파입자 빔이 휘어진 정도로부터 금원자의 구조를 밝힐 수 있다고 생각했다.

러더퍼드의 스승인 톰슨이 주장한 원자모형대로 원자 속에 양의 전기를 가진 부분이 수박 살처럼 균일하게 분포되어 있다면 알파선은 거의 일직선으로 금 원자를 지나 스크린에 부딪친다. 러더퍼드는 이 실험을 통해 알파입자가 대부분의 경우에서는 일직선으로 스크린에 부딪쳤지만 어떤 부분을 지날 때는 심하게 휘어져 스크린에 부딪치거나 때로는 스크린에 어떤 섬광도 만들지 않는다는 것을 알아냈다. 스크린에 섬광이 일어나지 않는다는 것은 알파입자가 금박에 부딪친 후 반대방향으로 튕겨진 것이라고 생각할 수 있다. 러더퍼드는 알파입자를 금박의 이곳저곳에 쪼여 봄으로써 알파입자가 금박에 튕겨져 나가는 부분이 주기적으로 나타나며 그 부분은 원자의 중심부분에 놓여 있다는 것을 알아냈다. 러더퍼드는 이 부분은 양의 전기를 띤 알갱이라고 생각하고 이것을 원자핵이라고 불렀다.

〈러더퍼드〉

ANSWER

16 원자핵

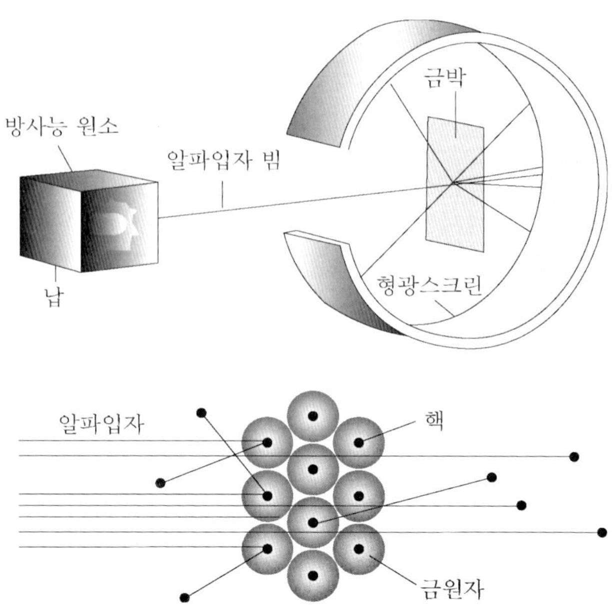

QUIZ 17

원자핵의 크기는 어느 정도로 작은가?

해설 원자의 크기는 원자의 종류에 따라 다르다. 제일 작은 수소 원자의 경우 원자의 크기는 1미터의 100억 분의 일 정도이다. 원자핵의 크기는 원자의 크기의 대략 만 분의 일에서 십 만 분의 일 정도이다.

양성자를 발견한 사람은 누구인가?

해설 1919년 러더퍼드는 알파선을 질소 원자핵에 쪼이면 질소 원자핵이 산소 원자핵과 수소 원자핵으로 분열되는 것을 알아냈다. 이 실험을 통해 러더퍼드는 수소 원자핵의 질량이 전자의 질량의 1840배 정도임을 알아냈다. 러더퍼드는 여러 종류의 원자핵에 대해 비슷한 실험을 한 결과 모든 원자핵의 질량은 수소 원자핵의 질량의 정수배가 된다는 것을 알아냈다. 이것은 수소의 원자핵이 양의 전기를 띤 기본입자라는 것을 말하는 데 러더퍼드는 이것을 양성자(proton)이라고 불렀다.

QUIZ 19

러더퍼드는 원자 모형 발견으로 노벨화학상을 수상했다. 하지만 채 2년도 되지 못해 1913년 덴마크의 닐스 보어는 러더퍼드의 모형이 옳지 않다는 것을 밝히고 새로운 원자 모형을 제시했다. 러더퍼드 원자모형의 문제점이 무엇이며 보어의 새로운 원자모형은 무엇인지 설명하라.

ANSWER

18 러더퍼드

해설 러더퍼드는 달이 지구 주위를 돌 듯 전자가 원자핵 주위를 원운동한다고 주장했다. 달이 지구주위를 돌 때 달은 다른 물질과의 충돌이 거의 없으므로 달은 에너지를 빼앗기지 않는다. 그러므로 지구 주위를 영원히 돌 수 있다.

하지만 전기를 띤 전자가 원자핵 주위를 돌때는 사정이 달라진다. 전기를 띤 입자가 움직이면 빛(전자기파)이 방출된다. 빛은 에너지를 가지고 있으므로 전자의 에너지는 방출된 빛의 에너지만큼 줄어들게 된다. 그러므로 전자가 가진 에너지는 점점 줄어들게 되어 양의 전기를 띤 원자핵에 끌어당겨지게 되고 결국에는 원자핵에 달라붙어 움직이지 못하게 된다. 그러므로 러더퍼드의 원자모형대로라면 우리는 움직이는 전자를 발견할 수 없게 된다.

보어는 러더퍼드 원자모형의 문제점을 해결하기 위해 다음과 같은 가설을 세웠다.

1) 원자핵을 중심으로 전자가 있을 수 있는 곳은 원자핵으로부터 일정 거리(반지름) 떨어진 원궤도이다.
2) 원궤도는 원자핵으로부터 멀어질수록 에너지가 큰 곳이다. 즉, 전자가 원자핵으로부터 먼 원궤도에 있을 때 전자의 에너지가 크다.
3) 원자핵으로부터 거리가 먼 원궤도에 있는 전자가 가까운 원궤도로 내려올 때 전자는 빛을 방출하며 이때 방출되는 빛의 에너지는 두 원궤도의 에너지 차이 만큼이다. 반대로 가까운 원궤도에 있던 전자는 먼 원궤도로 올라갈 수 있는 데 이때는 두 원궤도의 에너지 차이만큼의 에너지를 흡수해야한다.
4) 원자핵으로부터 제일 가까운 원궤도는 안정된 궤도이므로 전자가 이곳에 있을 때는 더 이상 빛을 방출하지 않는다.

보어는 이렇게 원자핵 주위에 띄엄띄엄 떨어진 원궤도를 설정해 원자 속에서 나오는 선스펙트럼을 설명했다.

또한 보어는 가장 가까운 원궤도에 있을 때 빛을 방출하지 않는다는 가설로부터 러더퍼드 모형에서 전자가 원자핵에 달라붙는 문제점을 극복했다.

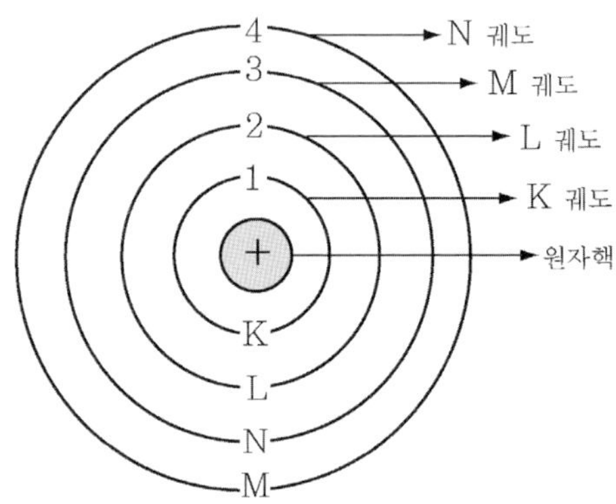

전자가 가장 가까운 궤도에 있을 때 이 궤도의 반지름을 보어 반지름이라고 부른다.

보어는 원자핵 주위의 원궤도를, 원자핵으로부터 가까운 것부터 K궤도, L궤도, M궤도, N궤도, …라고 불렀다.

QUIZ 20

보어의 원자모형이 옳다는 것을 실험적으로 입증한 사람은 누구인가?

해설 1914년 독일의 프랑크(James Franck, 1882-1964)와 헤르츠(Gustav Ludwig Hertz, 1887-1975)는 원자핵에 전자를 충돌시키는 실험을 고안해 충돌 후 전자가 가지는 에너지는 조사했다. 그 결과 보어가 예언한 원궤도에 해당하는 부분에서 되튕겨나오는 전자의 에너지가 피크를 가진다는 보였다. 이 실험을 통해 원자속에서 전자는 보어가 예언한 대로 특정한 원궤도에 존재해야한다는 것이 입증되었다.

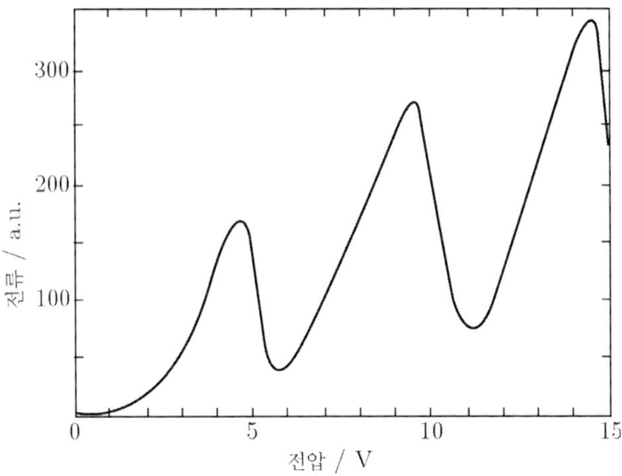

ANSWER

20 프랑크와 헤르츠

QUIZ 21

원자핵 속에 양성자와 거의 질량이 같지만 전기를 띠지 않은 중성자가 있다는 것을 처음 알아낸 사람은 누구인가?

해설 수소의 원자핵이 양성자라는 것을 알아낸 러더퍼드는 양성자가 전자보다 훨씬 무겁기 때문에 원자의 질량은 거의 양성자들의 질량이라고 생각했다. 그는 헬륨의 원자량이 수소의 원자량의 네 배이므로 헬륨의 원자핵에는 양성자가 네 개 있다고 생각했다. 그는 헬륨이 전기를 띠지 않기 위해서는 네 개의 전자가 있어야하며 두 개의 전자는 헬륨의 원자핵 주위를 돌고 두 개의 전자는 원자핵 속에 붙잡혀 있다는 주장을 했다.

1930년 독일의 보테와 베커는 폴로늄에서 나온 알파 방사선을 베릴륨에 쪼이면 투과력이 강한 방사선이 나온다는 것을 알아내고 이 방사선을 베릴륨선이라 불렀다. 그 후 과학자들의 베릴륨 선의 정체를 밝히기 위해 노력했다.

1932년 퀴리부인의 딸 이렌느 퀴리와 사위인 졸리오 퀴리는 파라핀과 같이 수소 원자가 많이 들어 있는 물질에 베릴륨선을 쪼이면 양성자(수소의 원자핵)을 튕겨낸다는 사실을 알아내고 베릴륨선이 에너지가 강한 빛인 감마방사선일 것이라고 생각했다.

같은 해 영국의 채드윅은 이렌느 퀴리 부부의 해석에 의문을 품었다. 감마방사선이 투과력이 강한 건 사실이지만 질량이 0인 광자로 이루어져 있는데 질량이 없는 광자가 무거운 양성자를 튕겨낸다는 것이 이해가 가지 않았기 때문이었다.

ANSWER

21 채드윅

그는 수소를 가득 채운 이온화 상자에 베릴륨선을 쪼여 양성자가 튕겨나간 거리를 관측해 베릴륨선을 이루는 입자의 질량이 양성자의 질량과 거의 같아야한다는 것을 알아냈다. 베릴륨선이 전기를 띠고 있지 않으므로 이것은 질량을 가진 최초의 중성입자였다. 채드윅은 이 입자를 중성자(neutron)이라고 불렀다.

채드윅의 중성자 발견으로 양성자만으로 원자핵이 이루어져 있다는 러더퍼드의 생각은 틀린 것으로 판명되었다. 즉, 원자핵안에는 양성자와 중성자들이 살고 있고 이 둘을 합쳐 핵자라고 부르는데 원자의 질량은 핵자들의 질량의 합과 거의 같다.

QUIZ 22

수소보다 두 배 무거운 수소의 동위원소는 무엇이라고 부르는가?

해설 보통의 수소의 원자핵은 양성자 하나로 이루어져 있다. 하지만 수소의 동위원소인 중수소의 원자핵은 양성자 한 개와 중성자 한 개로 이루어져 있어 보통의 수소의 원자핵 보다 두 배 무겁다. 천연에 존재하는 비율은 수소가 99.985%이고 중수소가 0.015%이다. 수소와 산소가 화합한 것을 물 또는 경수라고 부르고 중수소와 산소의 화합물을 중수라고 부른다. 중수소는 미국의 화학자 유리가 발견되었다. 그후 인공적인 방법에 의해 중성자 두 개와 양성자 한 개로 이루어진 원자핵을 가진 삼중수소가 만들어졌다.

QUIZ 23

원자번호가 Z인 방사능 원소가 알파방사선을 방출하면 원자번호가 몇 번인 원소가 되는가?

해설 알파방사선은 알파입자가 원자핵에서 튀어나오는 현상이다. 알파입자는 양성자 두 개와 중성자 두 개로 이루어진 헬륨의 원자핵이다.

ANSWER

22 중수소 23 Z-2

원자핵이 알파입자를 방출하면 원자핵 속의 양성자의 개수가 두 개 줄어들기 때문에 원자번호는 2 감소된다.

QUIZ 24

라듐이 알파방사선을 방출하면 어떤 원소로 바뀌는가?

해설 라듐은 원자번호 88번이다. 알파방사선을 방출하면 원자번호 86번인 라돈이 된다.

QUIZ 25

원자번호가 Z번인 방사능 원소가 베타방사선을 방출하면 원자번호가 몇 번인 원소로 바뀌는가?

해설 베타방사선을 방출하는 방사능 원소에서는 중성자가 양성자로 바뀌는 변환이 일어나는 데 이 과정에서 빠르게 움직이는 전자(베타입자)가 방출된다. 중성자 하나가 양성자 하나로 바뀌었으므로 베타방사선을 방출하면 원자번호가 하나 증가한다.

ANSWER

24 라돈 25 Z+1

QUIZ 26

1913년 영국의 모즐리는 원소의 특성 X선의 진동수가 원자번호에 비례한다는 모즐리의 법칙을 발표했다. 모즐리는 이 방법을 사용하여 원자번호가 1번 수소부터 92번 우라늄까지 존재한다는 것을 알아냈다. 하지만 모즐리는 92개의 원소 중에서 여섯 개의 원소가 존재하지 않는다는 것을 알아냈다. 그 여섯 개의 원소는 43, 61, 72, 75, 85, 87번 원소였다. 이 중 43번 원소는 몰리브덴으로부터 인공핵변환에 의해 얻어졌는데 43번 원소의 이름은 무엇인가?

해설 이 중 원자번호 72년 하프늄은 1923년에, 75번 레늄은 1925년에 발견되었고 원자번호 87번 프랑슘은 1939년에 발견되었다. 이들 세 원소는 천연에 존재하는 원소들이었다.

원자핵에 고속의 중성자를 충돌시켜 새로운 원자핵을 얻는 기술을 인공핵변환이라고 하는 데 43번 테크네튬, 61번 프로메튬, 85번 아스타틴은 인공핵변환에 의해 만들어졌다. 이 중 제일 먼저 발견된 것은 테크네튬으로 원자번호 42번 마그네슘에 고속의 중성자를 충돌시키면 베타입자가 방출되면서 중성자가 양성자로 바뀌면서 원자번호 43번의 원소가 만들어지는데 이것은 최초로 기술적으로 얻어진 원소라는 뜻에서 테크네튬이라고 불렀다.

ANSWER

26 테크네튬

QUIZ 27

우라늄보다 무거운 원소를 초우라늄원소라고 부른다. 우라늄보다 원자번호가 2가 큰 원자번호 94번의 이름은 무엇인가?

해설 우라늄에 고속의 중성자나 양성자를 충돌시켜 인공적으로 새로운 원소들이 많이 발견되었다. 최초의 초 우라늄 원소는 미국 캘리포니아 대학에서 1940년에 발견된 93번 넵투늄으로 우라늄에 중성자를 충돌시켜 얻어졌다. 같은 해 캘리포니아 대학의 연구진은 넵튜늄에 중성자를 충돌시켜 원자번호 94번 플루토늄을 발견했다. 이런 식으로 95번 아메리슘과 96번 퀴륨이 1944년에 97번 버클륨과 98번 캘리포니아륨이 인공적으로 만들어졌다.

그 후 1952년 최초의 수소폭탄 폭발에서 생긴 생성물에서 원자번호 99번 아인슈타이늄과 원자번호 100번 페르뮴이 발견되었다.

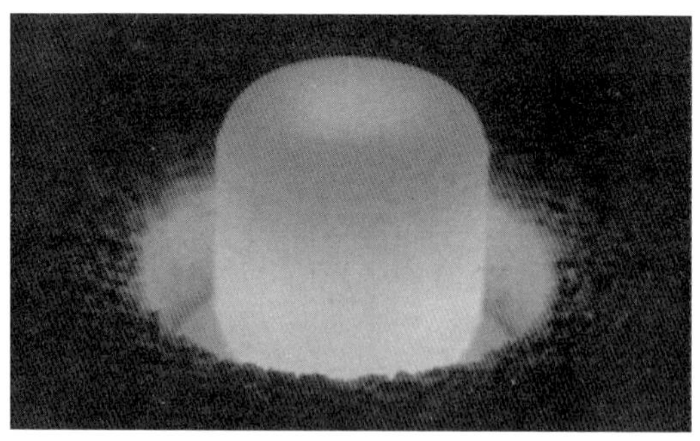

ANSWER

27 플루토늄

QUIZ 28

원자량이 197인 백금을 중성자로 충돌시키면 어떤 원소가 만들어질까?

해설 과학자들은 원자량이 197인 백금을 중성자로 충돌시키면 금을 만드는 것이 이론적으로 가능하다고 믿고 있다. 물론 아직까지 실험적으로 확인되지는 않았지만. 원자량이 197인 백금의 원자핵에는 78개의 양성자와 119개의 중성자가 있다. 여기에 중성자를 충돌시키면 백금의 원자핵에 중성자가 하나 더 늘어나게 된다. 그러므로 양성자가 78개이고 중성자가 120개인 원자량 198의 백금이 만들어진다. 이렇게 원자핵속에 새로 들어간 중성자는 매우 불안정하기 때문에 금방 안정된 양성자로 변한다. 그러면 원자핵속에는 양성자가 79개이고 중성자가 119개가 되는데 양성자의 개수가 원자번호이므로 이 과정에서 원자번호가 79인 금이 만들어진다. 이때 만들어지는 금은 원자량이 198인 금이다.

ANSWER

28 금

QUIZ 29

흑연과 다이아몬드가 똑같이 탄소원자로만 이루어져 있는데 왜 흑연으로 만든 연필심을 잘 부러지고 다이아몬드는 단단한가?

해설 흑연과 다이아몬드속의 탄소원자들이 놓여 있는 모습이 다르기 때문이다. 흑연은 탄소가 육각형 벌집모양으로 층층이 쌓여 있는 구조로 되어 있다. 이런 구조는 층과 층 사이의 결합력이 약하기 때문에 층 사이가 쉽게 떨어진다. 그래서 흑연으로 이루어진 연필심이 쉽게 부러진다.

이에 반해 다이아몬드는 네 개의 탄소 원자들이 정사면체를 이루고 이들 정사면체 구조가 연결되어 있는 모습이다. 이 구조는 결합력이 강하기 때문에 쉽게 부서지지 않는다. 그래서 다이아몬드가 단단하다.

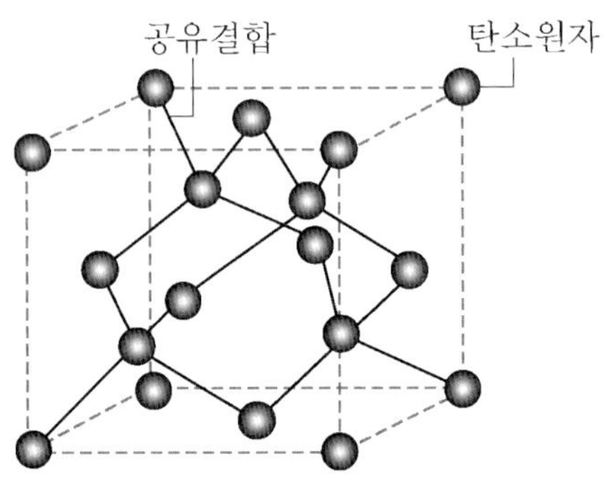

다이아몬드의 구조

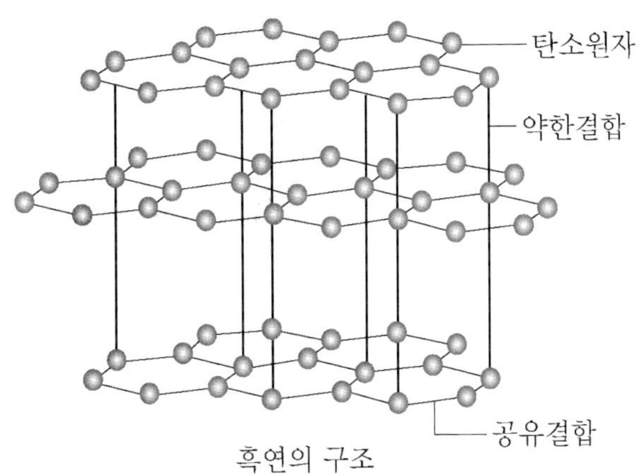

흑연의 구조

QUIZ 30

1985년 크로토와 스몰리와 컬은 탄소원자들이 만들어 내는 새로운 구조를 찾아냈다. 세 과학자가 찾아낸 것은 탄소원자 60개로 이루어진 신기한 구조의 물질이었다. 이것은 탄소원자가 축구공의 60개 꼭지점에 박혀 있다. 세 과학자는 이것의 발견으로 1996년 노벨 화학상을 수상했다. 이것을 무엇인가?

ANSWER

30 플러렌

해설

축구공은 12개의 정오각형과 20개의 정육각형으로 이루어져 있다. 축구공은 모든 면이 정삼각형인 정이십면체의 모든 꼭지점을 아래 그림처럼 정오각형 모양으로 잘라낸 모양이다.

이 축구공의 각 꼭짓점에 탄소원자가 붙어 있는 구조가 바로 플러렌이다. 플러렌은 매우 안정된 구조를 가지고 있어서 높은 압력과 높은 온도를 견딜 수 있는 물질이다. 플러렌 자체는 고체 상태에서는 전기를 통하지 않는 물질이지만 플러렌과 칼륨의 화합물은 영하 255도에서 초전도 성질을 띤다. 초전도란 물질의 전기 저항이 0이 되는 것을 말한다. 이렇게 전기저항이 0이 되면 전류가 초전도 물질을 지나갈 때 저항으로 인한 열손실이 없어서 전기에너지의 낭비가 없게 된다. 그러므로 플러렌과 칼슘의 화합물은 새로운 초전도 물질로 각광을 받고 있다.

1991년 과학자들은 플러렌을 연구하는 과정에서 우연히 새로운 것을 발견했다. 그것은 지름이 1나노 미터 밖에 되지 않지만 길이는 수 센티미터가 되는 탄소로 이루어진 튜브였다. 1나노 미터는 백만분의 일 밀리미터이다. 과학자들은 이 튜브의 이름을 탄소나노튜브라고 불렀다. 탄소나노튜브는 흑연처럼 육각형의 벌집들로 이루어져 있지만 다이아몬드처럼 단단하고 높은 온도에서도 모양이 변하지 않는다. 이런 특성 때문에 탄소나노튜브는 수술용 마이크로 기계식 집게와 가위 또는 인공 근육 장치등에 사용된다.

QUIZ 31

이것은 금속 원자 사이의 빈 공간에 수소를 저장해 두었다가 필요할 때는 합금을 가열해 수소가 발생하게 하는 것으로 수소자동차의 개발에 사용된다. 이것의 이름은 무엇인가?

해설 오늘날 사람들은 석유와 석탄 같은 화석연료를 주 에너지원으로 사용하고 있다. 하지만 화석연료는 탈 때 대기를 오염시키는 물질을 배출하고, 대기 중의 이산화탄소의 농도를 증가시켜 지구온난화를 일으키는 원인이 된다. 또한 화석연료는 가까운 미래에는 모두 사라질 자원이다 보니 사람들은 효율도 좋고 오염 물질을 배출하지 않는 에너지를 찾게 되었는데 그것이 바로 수소에너지이다.

수소는 잘 타는 기체로 공기나 산소와 접촉하면 쉽게 불이 붙는다. 즉, 수소와 공기를 혼합 시킨 기체는 작은 불꽃만으로도 폭발적인 연소반응을 일으키면서 큰 에너지를 만들어낸다. 게다가 수소가 탈 때는 오염 물질이 생기지 않는다.

ANSWER

31 수소 저장 합금

물은 수소와 산소의 화합물이므로 수소는 지구에 있는 엄청나게 많은 양의 물로부터 만들 수 있고 사용 후에는 다시 물이 되어 버리기 때문에 화석연료처럼 고갈되지 않는다.
하지만 수소는 이런 좋은 점에도 불구하고 저장하기가 아주 어려운 기체이다. 많은 양의 수소를 저장하기 위해서는 150기압 정도의 높은 압력으로 압축해야한다. 이때 높은 압력으로 인한 안정성이 문제점이 된다. 그래서 부피를 줄이기 위해 액체수소를 사용하기도 하는데 이 경우에도 액체가 되는 영하 253℃ 이하로 온도를 낮추어야 하므로 에너지가 많이 들어가게 되어 경제적이지 못하다.

이런 문제를 해결한 것이 바로 수소 저장합금이다. 수소 저장합금은 금속 원자 사이의 빈 공간에 수소를 저장해 두었다가 필요할 때는 합금을 가열해 수소가 발생하게 하는 것이다. 이렇게 수소를 저장할 경우, 액체수소나 고압수소에 비해 수소의 밀도를 매우 높일 수 있고, 안정성 또한 문제가 없다.

합금이 많은 양의 수소를 저장할 수 있다는 사실은 1960년대 후반 네덜란드 필립사가 개발한 란탄과 니켈의 합금을 통해 처음 알려졌다. 그 이후 티탄과 철의 합금, 마그네슘과 니켈의 합금, 티탄과 망간의 합금들도 수소 저장합금이라는 것이 알려졌다. 미국에서 개발한 마그네슘-니켈 합금의 경우 불과 100g밖에 안 되는 합금에 수소 기체를 80리터나 흡수할 수 있다.
수소저장합금은 어디에 사용될까? 가장 기대를 걸고 있는 분야는 수소저장합금을 장착한 수소자동차의 개발이다. 가솔린 대신 수소저장합금의 수소를 연료로 사용하는데, 현재 미국,

일본 등의 선진국에서 연구가 활발히 진행되어 많은 실험 차량들이 제작되고 있다. 우리나라는 1993년 최초의 수소자동차 '성균 1호'가 개발되었다. 하지만 현재까지 개발된 수소저장합금은 너무 무거워서 과학자들은 좀 더 가벼우면서 많은 양의 수소를 저장할 수 있는 합금을 찾고 있다.

다음으로 유망한 분야는 냉난방시스템이다. 수소저장합금의 압력을 낮추면, 저장하고 있던 수소를 내보내고, 이때 주위의 열을 흡수한다. 그러므로 주위의 온도는 낮아지는 데 이 방법으로 온도를 영하 30도까지 낮출 수 있고 반대로 수소가 들어올 때는 열을 방출하기 때문에 난방기로도 사용할 수 있다. 우리가 현재 사용하는 에어컨이나 냉장고는 프레온 가스를 사용한다. 프레온 가스는 스프레이에도 사용되는 데 이 기체는 대기권위로 올라가 오존층에 있는 오존을 없앤다. 오존층의 오존은 태양으로부터 오는 강한 자외선을 흡수하여 지구에 강한 자외선이 내리 쬐지 않게 하는 역할을 한다. 하지만 프로온 가스를 많이 사용하게 되면 오존층에 있는 오존의 양이 줄어들어 지구가 강한 자외선으로부터 안전할 수 없게 된다. 수소저장합금은 그 문제를 해결하는 가장 중요한 발명이다. 모든 에어컨과 냉장고에 프레온 가스 대신 수소 저장합금을 사용하면 프레온 가스의 배출량이 줄어들어 우리의 소중한 오존층을 지킬 수 있다.

하지만 수소저장합금의 개발은 아직 초기단계이다. 현재까지 실용성에 가장 큰 걸림돌은 합금의 무게가 무겁고 수소를 방출하기 위한 온도가 높다는 것이다. 따라서 각 나라는 무게를 줄이고 수소를 방출하기 위한 온도가 낮은 수소저장합금의 개발하려고 하고 있다.

QUIZ 32

나일론을 발명한 사람은?

해설 우리 몸을 감싸고 있는 옷은 천연섬유와 화학섬유로 나눌 수 있다. 천연섬유는 면과 아마와 같은 식물섬유와 모(wool)와 실크와 같은 동물섬유로 나눌 수 있다. 면은 목화에서 얻고 아마는 아마식물의 줄기에서 얻는데 이들 천연섬유는 셀룰로스(우리말로는 섬유소라고 부름)라고 부르는 화학물질로 이루어져 있다. 셀룰로스는 식물세포벽을 이루는 성분으로 글루코스라고 부르는 분자들이 긴 사슬 모양으로 배열되어 있는 구조를 가지고 있다.

ANSWER

32 캐러더스

동물섬유는 식물섬유보다 구조가 더 복잡한데 양털로 만드는 모는 식물섬유에 비해 탄성이 강하다는 장점이 있다. 그래서 모는 최대 삼만 번을 구부려도 섬유가 손상되거나 끊어지지 않는다. 실크는 누에고치로부터 만들어지는 데 실크 섬유는 우아하고 부드러운 것이 장점이다.

인조 섬유는 화학적인 변형을 통해 만들어지는데 대표적인 인조섬유로는 비스코스 섬유, 아세테이트 레이온, 구리 암모늄 레이온, 폴리에스터 섬유, 폴리아마이드 섬유, 폴리아크릴로나이트릴 섬유 등이 있다.

예를 들어, 비스코스 섬유를 만드는 과정을 살펴보자. 나무에서 추출된 셀룰로스 덩어리를 액체 상태로 만든 다음 실 모양으로 응고시킨 후 수산화나트륨 용액에 담그면 분자들의 사슬이 작은 조각으로 잘라지면서 나트륨 셀룰로스가 만들어진다. 여기에 이황화탄소를 첨가하면 작은 조각들이 다시 달라붙어 셀룰로스 크산토겐산염이라고 부르는 주황색의 끈적끈적한 덩어리가 만들어진다. 이 덩어리를 다시 수산화나트륨 용액에 녹인 후 2~3일 동안 숙성시키면 천연섬유보다 질긴 비스코스 섬유가 만들어진다.

흔히 여성들의 스타킹을 만들 때 사용되는 나일론은 폴리아마이드 섬유이다. 1934년 미국의 캐러더스가 아디핀산과 헥사메틸렌 다이아민를 합성시켜 폴리아마이드라는 새로운 물질을 발명하고 1939년 이 물질로 만든 섬유가 나일론이라는 이름으로 세상에 알려지게 되었다. 나일론은 면에 비해 질기고 실크처럼 부드럽기 때문에 스타킹, 속옷, 양말, 코르셋 등에 사용된다. 이 섬유는 가볍고 오랫동안 사용할 수 있으며 신축성이 뛰어나고 좀이 슬지 않고 땀에 잘 견딘다는 장점이 있다.

QUIZ 33

최초로 발명된 플라스틱의 이름은 무엇인가?

해설 오랫동안 사람들은 돌이나 나무, 가죽 등의 천연재료를 이용해 필요한 제품을 만들었다. 하지만 이런 천연제품은 필요한 모양으로 제품을 만드는 데 시간이 많이 걸렸다. 그래서 발명된 것이 플라스틱이다. 플라스틱은 열이나 압력에 의해 소성변형을 시켜 만들 수 있는 고분자 화합물을 말한다.

소성변형이란 외부의 힘을 받은 물체가 그 힘을 없애도 원래의 모습으로 되돌아가지 않은 것을 말한다. 그리고 고분자는 탄소를 포함해 여러 개의 원자들로 이루어진 분자를 말한다.

ANSWER

33 나이트로 셀룰로스

보통 고분자가 되기 위해위서는 그 질량이 수소원자의 질량의 만 배 이상이 되어야한다.
최초의 플라스틱은 19세기 중반에 발명된 나이트로 셀룰로스라는 이름의 물질이다. 이 물질은 상아로 만든 당구공을 대신하기 위해 개발된 물질이다. 하지만 이 물질은 폭발성이 강해서 당구를 치다가 두 당구공이 충돌하면서 폭발이 일어나서 그다지 편리한 물질은 아니었다.
그래서 나온 두 번째 플라스틱은 베이클라이트이다. 이 물질은 페놀과 포름알데히드를 합성한 물질이다. 이 물질은 완전한 합성에 의해 만들어진 최초의 합성수지로 최초의 인공 플라스틱 물질이다.
이 물질은 1907년 미국인의 베이클랜드가 최초로 발명했다. 원래 이 물질은 폴리옥시벤자일메틸렌글리콜란하이드리드라는 긴 이름을 가지고 있었지만 독일계 회사인 베이클라이트사가 이 물질을 생산하면서 베이클라이트라는 이름으로 불리게 되었다.
베이클라이트는 한 번 만들어지면 열을 받아도 변형되지 않아 당구공, 전화기 케이스, 비행기 프로펠러, 라디오 케이스, 배관용 파이프 등에 사용되었고 1930년대에는 매년 7만 톤이 넘는 베이클라이트가 생산되어 이른바 '플라스틱 시대'를 여는 데 앞장섰다.
하지만 베이클라이트는 1926년에 발명된 폴리염화비닐(PVC)가 발명되자 플라스틱의 대명사 자리를 PVC에게 내주게 되었다. PVC는 탄소원자 두 개와 수소원자 네 개로 이루어진 에틸렌 분자를 연소 처리한 염화비닐을 긴 고리 모양의 고분자 화합물로 만든 것이다.

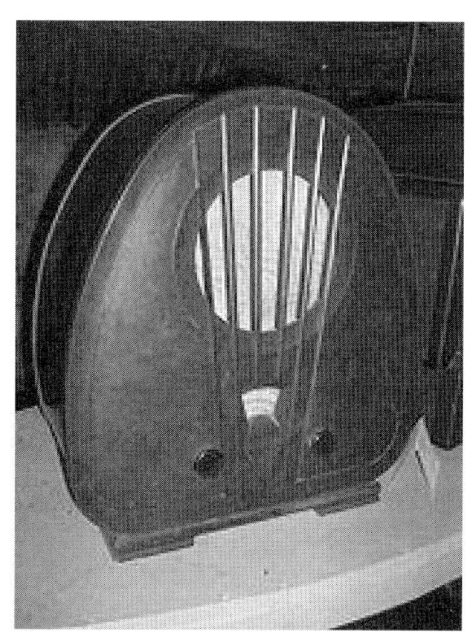

〈베이클라이트를 이용한 라디오〉

PVC는 가공하기가 쉽고 사용하기 편리하고 질기며 잘 긁히지 않고 잘 깨지지 않고 불에 잘 타지 않고 수명이 길고 생산비용이 적게 든다는 장점 때문에 큰 인기를 얻었다. PVC는 주로 음료수병, 혈액 주머니, 오줌관, 전선피복, 수도관, 용기, 창틀, 쓰레기통, 랩, 인조가죽, 호스 등에 사용되었다.

대통령이 타고 다니는 차의 유리창은 방탄 플라스틱으로 만들어진다. 방탄플라스틱은 폴리카보네이트라는 고분자로 이루어진 플라스틱인데 이 물질은 열에 모양이 변하는 성질이 있고 외부의 충격에 강한 성질이 있다. 외부 충격에 견디는 정도는 유리보다 250배 강하고 아크릴 보다 40배 강하기 때문에 테러 예방을 목적으로 사용된다.

QUIZ 34

어떤 금속들은 모양이 변했다가 어떤 조건을 만족하게 되면 금속재료 자체가 갖는 원래의 형상을 기억해낸다. 이런 금속을 무엇이라고 부르는가?

해설 어떤 금속들은 모양이 변했다가 어떤 조건을 만족하게 되면 금속재료 자체가 갖는 원래의 형상을 기억해내데 이 현상을 형상기억효과라고 부르고 이러한 현상을 나타내는 금속을 형상기억합금이라고 부른다.

형상기억합금은 합금으로 일정한 모양을 만들고 나서 힘을 가해 전혀 다른 모양으로 변형시킨 후에 온도를 높여주면 처음의 모양을 기억해서 그 모양으로 돌아가는 성질이 있다.

왜 이런 성질이 생길까? 그것은 탄성과 관계있다. 모든 금속은 탄성의 한계를 가지고 있는데 금속이 그 힘을 없애면 원래의 모양으로 돌아간다. 이렇게 힘이 사라지면 원래의 모양으로 되돌아가는 것을 탄성변형이라 한다.

하지만 탄성의 한계보다 큰 힘을 가하면, 가했던 힘을 없애도 처음의 모양으로 돌아가지 않는 영구적인 변형이 일어난다. 이렇게 힘이 사라지면 원래의 모양으로 되돌아가지 않는 것을 소성변형이라고 부른다.

보통 금속 재료는 탄성의 한계보다 큰 적당한 힘을 가해 변형시키면 소성변형이 일어나 그 형상으로 유지되므로 굽히거나 늘려서 자유로운 형상으로 모양을 만들 수 있다.

ANSWER

34 형상기억합금

그래서 전기히터에 사용되는 니크롬선을 만들기도 하고 자동차의 차체를 만들기도 하고 철선을 구부려 클립을 만들수도 있다. 소성 변형이라는 성질은 금속재료의 큰 특징의 하나이며 금속재료가 공업적으로 널리 사용되는 이유이다.

형상기억합금은 형상기억 효과를 가지도록 일정한 열처리를 거치는데 일정한 온도에서 형상을 기억시키면 그 온도보다 낮은 온도에서 모양을 바꿔어도 다시 그 온도로 올라가면 모양이 원래의 모습으로 되돌아온다. 실제로 이용되고 있는 형상 기억 합금은 티탄과 니켈이 약 1:1의 비율로 혼합된 합금인데 니티놀이라고 부른다.

형상 기억 합금은 우리생활에 많은 곳에서 유용하게 쓰이고 있다. 형상 기억 합금을 이용하면 대형 파라볼라 안테나를 접어서 달 표면으로 쉽게 운반하여 설치할 수 있다. 150도 정도에서 제작한 안테나를 로켓의 실내온도인 25도 정도에서 모양을 로켓에 싣기 쉬운 형태로 작게 접어 달까지 운반하고 달 표면에서 태양열에 의해 200℃ 근처까지 온도가 올라가면 안테나가 순식간에 제작 당시의 모양으로 펼쳐진다. 그 밖에도 가볍고 착용감이 편안하며 부식되거나 외부의 힘에 의해 모양이 변하지 않아 치열 교정용 와이어, 속옷용 와이어, 핸드폰 안테나, 안경테, 로봇의 관절 등에도 아주 유용하게 사용된다.

QUIZ 35

이 과학자는 최초로 노벨화학상과 노벨평화상을 수상했다. 이 과학자는 화학결합에 대한 올바른 이론을 제시했다. 이 사람은 누구인가?

해설 폴링은 1901년 미국의 포틀랜드에서 태어났다. 폴링의 아버지는 신비한 약을 만드는 것을 즐기는 약사였다. 폴링은 어린 시절부터 카우보이들과 놀았다.

1909년 아버지가 돌아가신 후 폴링의 어머니는 하숙집을 운영해 생계를 유지했지만 넉넉하지는 않았다. 혼자 있기를 좋아했던 폴링은 대부분의 시간을 책을 읽는데 보냈다.

어느 날 친구가 찾아와 황산으로 설탕을 만드는 것을 보고 폴링은 화학에 매료되었다. 1917년 폴링은 오리건 주립대학에 입학해 화학공학을 전공했다. 1922년 폴링은 캘리포니와 공과대학의 대학원에 진학해 X선을 이용해 결정구조를 알아내는 연구를 했다.

폴링은 화학자이면서도 당대 최고의 이론물리학인 양자역학에 조애가 깊었다. 1927년 캘리포니아 공과대학의 화학과 교수가 된 폴링은 화학과 양자역학을 연결하는 양자화학이라는 새로운 분야를 개척했다.

폴링은 양자화학을 이용해 공유결합, 이온결합과 같은 화학결합에 대한 확실한 이론을 제시했고 그 업적으로 그는 노벨 화학상을 받았다.

ANSWER

35 폴링

폴링은 자신의 이론을 고분자에까지 적용해 헤모글로빈 분자가 산소와 결합되었을 때와 그렇지 않을 때 자기적 성질이 다르다는 것을 알아냈다. 그리고 유전에 의해 헤모글로빈의 분자 모양이 일그러지면 겸형 적혈구 빈혈증이 생긴다는 것을 알아냈다.

폴링은 또한 X선 결정학을 이용해 DNA의 구조를 밝히려고 했다. 폴링은 1953년 DNA 분자를 3중 나선 모형이라고 주장했지만 몇 달 뒤 왓슨과 크릭이 DNA 분자가 2중 나선 모형임을 밝혀내 그의 노벨 생리의학상 수상은 좌절되었다.

제2차 세계대전이 끝나 후 폴링은 반핵운동 및 반전 운동에 앞장섰고 그 공로를 인정받아 1962년 노벨 평화상을 수상했다.

퀴즈 화학의 역사

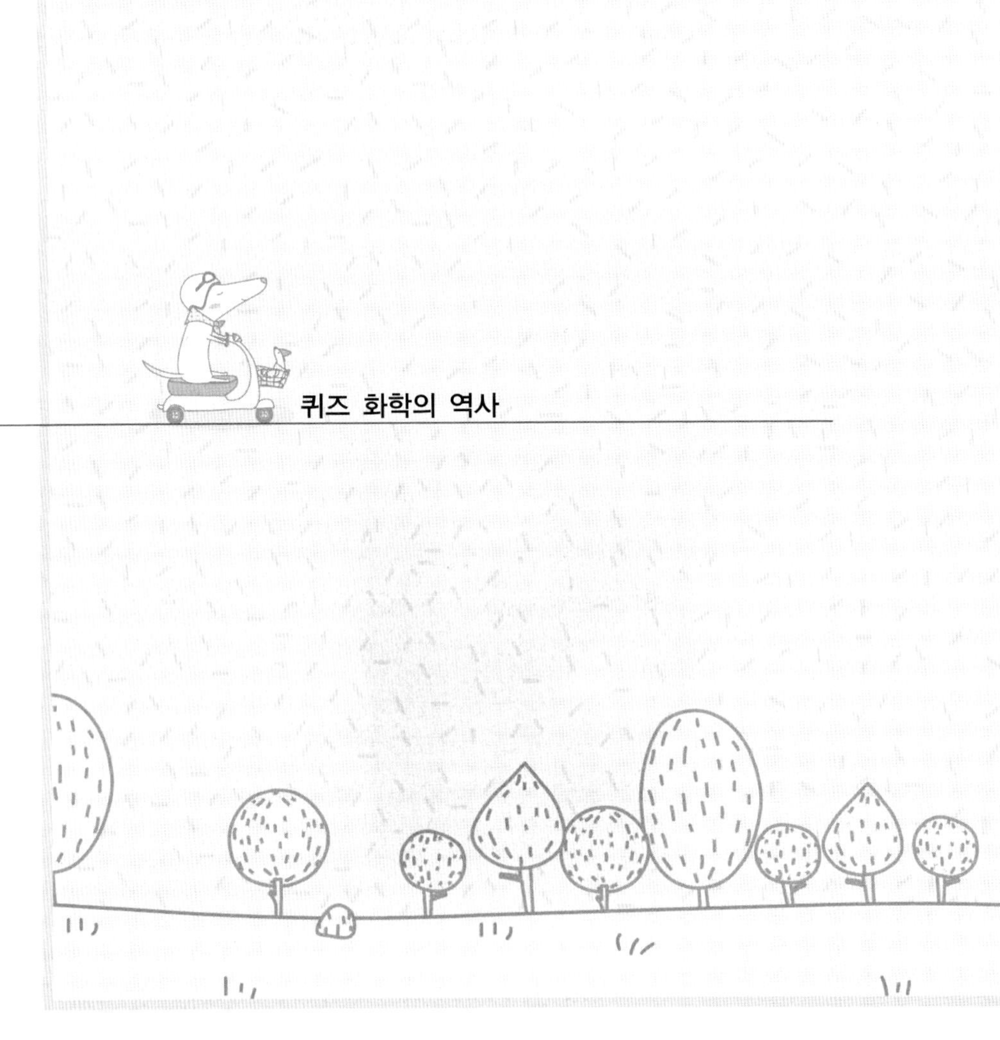

제 5 부

원소 발견의 역사

QUIZ 01

이 원소는 1822년 스웨덴의 화학자 베르셀리우스가 처음 발견했다. 이 원소는 모래, 운모, 석영, 유리를 구성하는 원소이며 반도체 소자를 만드는데도 사용된다. 이 원소의 이름은?

해설 규소: Si

QUIZ 02

이 원소는 방사능을 막는 역할을 해 방사선 촬영기사의 옷에 사용되며 기원전 1500년 경부터 인류가 사용하기 시작했다. 이 원소의 이름은?

해설 납: Pb

QUIZ 03

이 원소는 석회석의 주요 성분으로 1808년 영국의 데이비가 처음 발견했다. 이 원소의 이름은?

해설 칼슘: Ca

칼슘은 석회를 뜻하는 라틴어 calx에서 유래되었다.

ANSWER

01 규소 02 납 03 칼슘

QUIZ **04**

이 원소는 비료의 주성분이며 1807년 영국의 데이비가 발견했다. 아라비아어의 '재'라는 뜻에서 유래된 이 원소는 무엇인가?

해설 칼륨: K

칼륨이라는 이름은 아라비아어인 kaljan(재)에서 유래되었다. 1807년 영국의 화학자 데이비가 수산화칼륨을 전기분해해 발견했다.

QUIZ **05**

이 원소는 소금과 소다의 주성분으로 흔히 소듐이라고 부르기도 한다. 1807년 영국의 데이비가 발견한 이 원소의 이름은?

해설 나트륨: Na

나트륨은 광물성 알칼리를 뜻하는 라틴어 'nitrum', 'solida'에서 유래했다.

ANSWER

04 칼륨　05 나트륨

QUIZ 06

이 원소는 조명탄이나 플래시 전구에 사용되며 1808년 영국의 데이비가 발견했다. 이 원소의 이름은?

해설 마그네슘: Mg

마그네슘은 기원전 시대 소아시아의 리디아 왕국의 수도 마그네시아에서 유래되었다.

QUIZ 07

이 원소는 비행기, 인공위성, 우주비행선의 동체 재료나 창틀, 문틀, 쿠킹호일에 사용된다. 1825년 덴마크의 외르스테드가 처음 이 원소를 분리해냈다. 이 원소의 이름은?

QUIZ 08

이 원소는 수돗물을 소독하는 데 사용되며 소금을 구성하는 성분이다. 그리스어의 황록색을 뜻하는 chloros라는 단어에서 유래된 이 원소는 1774년 셸레가 처음 발견했다. 이 원소의 이름은?

ANSWER

06 마그네슘 07 알루미늄 08 염소

QUIZ 09

이 원소는 '보라색'을 뜻하는 그리스어 iodes에서 이름이 유래했다. 이 원소는 1811년 프랑스의 쿠르투아가 처음 발견했다. 미역등 해조류에 많이 포함되어 있는 이 원소는 무엇인가?

해설 요오드: I

QUIZ 10

이 원소의 이름은 태양을 뜻하는 그리스어 helios에서 유래되었다. 1868년 프랑스의 장센이 발견한 이 원소는 무엇인가?

해설 헬륨: He

ANSWER

09 요오드 10 헬륨

QUIZ 11

이 원소는 홑원소 물질로는 자연에 존재하지 않고 형석, 빙정석등의 광물 형태로 존재한다. 충치예방을 위해 치약에 넣는 첨가제로 사용되며 1886년 앙리 무아상이 발견한 이 원소는 무엇인가?

해설 1810년에 프랑스의 앙페르는 형석을 원료로 하여 만든 플루오르화수소산 속에 염소와 비슷한 원소가 있다며 플루오르의 존재를 주장했지만 분리에는 실패했다. 1886년에 앙리 무아상이 플루오르화포타슘의 전기분해에 의해서 처음으로 홑원소 물질로 분리했다.

QUIZ 12

바륨을 발견한 사람은?

해설 셀레가 1774년에 발견했다.

ANSWER

11 플루오르 12 셀레

QUIZ 13

몰리브덴은 윤활유에 첨가되는데 몰리브덴을 발견한 사람은?

해설 셀레가 1778년에 발견했다.

QUIZ 14

스웨덴 화학자 셀레는 동물의 뼈에서 이 원소를 찾아냈다. 보일은 그 보다 앞서 오줌 속에서 이 원소를 찾아냈다. 비료의 성분인 이것은 무엇인가?

해설 1662년 영국의 화학자 로버트 보일은 오줌에서 새로운 원소인 인을 발견했다. 인은 인체에서 물, 칼슘, 다음으로 많은 원소이다. 그리고 인은 어둠 속에서 빛을 내는 물질이다. 우리가 흔히 야광제품이라고 부르는 물질들이 바로 사실은 인이 빛을 내는 인광물질이다. 그래서 무덤에서 사람들을 놀라게 하는 도깨비불도 사실은 사람이 죽은 후 인이 대기 중으로 나와 빛을 내는 것이다.

ANSWER

13 셀레 14 인

QUIZ 15

1879년 스웨덴의 닐손이 발견한 이 원소는 스웨덴의 라틴어 이름에서 유래되었다. 경기장의 야간 조명에 사용되는 이 원소는 무엇인가?

해설 스칸듐은 스웨덴의 라틴어인 스칸디아에서 유래되었다.

ANSWER

15 스칸듐

QUIZ 16

이 원소는 그리스 신화에 등장하는 거인의 이름을 딴 것이다. 이 원소는 가벼우면서도 알루미늄보다 단단해 항공기의 기체나 안경테 등에 사용된다. 이 원소는 무엇인가?

해설 티타늄은 그리스 신화의 거인을 나타내는 타이탄에서 유래되었다. 1791년 영국의 그레고르가 검은 색을 띠는 자성을 띤 광물에서 발견했다.

QUIZ 17

이 원소는 스패너 등의 공구를 만드는 데 사용하며 스칸디나비아 신화에 등장하는 사랑과 미의 여신의 이름에서 유래되었다. 이 원소는 무엇인가?

해설 바나듐은 스칸디나비아 신화에 등장하는 사랑과 미의 여신인 바나디스에서 유래했다. 1801년 스페인의 화학자 델리오가 바나듐을 처음 발견했다.

ANSWER

16 티타늄 17 바나듐

QUIZ 18

이 원소의 화합물은 오렌지, 노랑, 빨강등 색깔이 다양하기 때문에 이 원소의 이름은 색을 뜻하는 그리스어 크로마(Chroma)에서 유래되었다. 이 원소의 이름은?

해설 1797년 프랑스의 보클랭이 크롬을 처음 발견했다. 그는 시베리아의 금광에서 발견한 붉은 색의 광물을 분석해 크롬의 산화물을 처음 찾아냈다.

QUIZ 19

이 원소의 이름은 땅속의 요정이라는 뜻을 가진 독일어에서 유래되었다. 이 원소는 가스터빈이나 하드디스크의 자기헤드 등에 사용된다. 이 원소의 이름은?

해설 1735년 스웨덴의 브란트가 푸른 색을 띠는 광석을 분리해 코발트를 처음 발견했다.

ANSWER

18 크롬 19 코발트

QUIZ 20

이 원소는 구리가 내는 빛과 비슷한 광석에 들어있다. 이 원소는 동전이나 전지를 만드는데 사용된다. 이 원소는 무엇인가?

해설 1751년 스웨덴의 크론스테드가 악마의 구리라고 부르는 광물의 결정으로부터 니켈을 발견했다.

QUIZ 21

이 원소는 인체에 필수적인 원소로 결핍되면 성장 장애나 미각 장애가 생긴다. 구리와 합금이 되어 황동을 만드는 이 원소는 무엇인가?

해설 아연은 오래 전부터 사람들이 사용해 왔지만 홑원소 물질로는 발견되지 않다가 1746년 독일의 마르그라프가 금속 아연을 처음 발견했다.

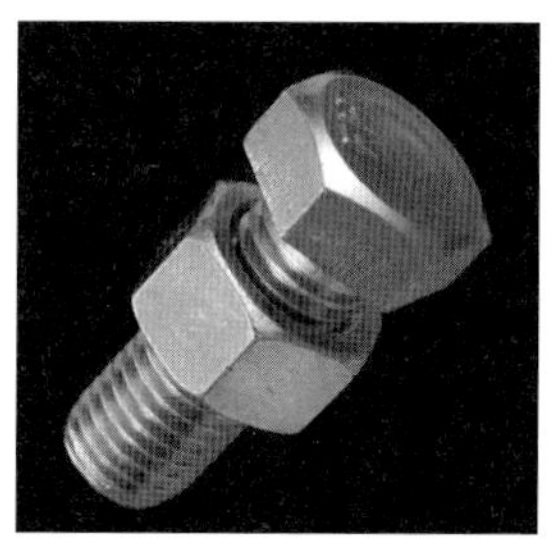

ANSWER

20 니켈 21 아연

QUIZ 22

영국의 크룩스가 1861년 발견한 이 원소는 녹색을 띠는데 초록 새싹을 나타내는 탈로스라는 말에서 이름이 유래되었다. 이 원소의 이름은?

QUIZ 23

이 원소는 1875년 프랑스의 부아보드랑이 발견했다. 이 원소는 휴대전화나 파란 색 발광 다이오드를 만드는 데 사용되는 데 이 원소의 이름은 프랑스를 나타내는 라틴어 이름에서 유래했다. 이 원소는 무엇인가?

해설 이 원소는 멘델레에프의 주기율표에서 알루미늄 아래(에카)에 있기 때문에 에카알루미늄이라고 불리었었다.

QUIZ 24

1866년 독일의 빙클러가 발견한 이 원소는 독일을 뜻하는 라틴어에서 이름이 유래되었다. 회백색을 띠는 이 원소는 트랜지스터나 적외선 렌즈를 만드는 데 사용된다. 이 원소의 이름은?

ANSWER

22 탈륨 23 갈륨 24 게르마늄

QUIZ **25**

이 원소는 그리스어로 달의 여신을 뜻하는 단어에서 유래되었다. 복사기나 탈색제에 사용되는 이 원소의 이름은?

해설 셀레늄은 1817년 스웨덴의 베르셀리우스가 발견했다.

QUIZ **26**

이 원소는 장밋빛깔을 닮아 그리스어로 장미를 뜻하는 단어 Rodes에서 유래되었다. 이 원소의 이름은?

QUIZ **27**

이 원소는 그리스어로 무지개를 뜻하는 단어에서 유래되었다. 이 원소의 화합물이 여러 빛깔을 가지기 때문에 붙여진 이름인데 이 원소의 이름은?

ANSWER

25 셀레늄 26 로듐 27 이리듐

QUIZ 28

라이히가 1863년 발견한 이 원소는 쪽빛을 띠는 데 라틴어의 쪽빛을 뜻하는 단어인 인디시움에서 나온 이름이다. 이 원소는 무엇인가?

QUIZ 29

이 원소의 이름은 그리스 신화에 나오는 탄탈로스의 딸의 이름에서 유래했다. 회백색을 띠며 초전도자석을 만드는 데 사용되는 이 원소의 이름은?

해설 1801년 영국의 해치트가 처음 발견했다.

ANSWER

28 인듐 29 나이오븀

QUIZ 30

이 원소는 1828년 러시아의 오산이 발견했다. 이 원소의 이름은 러시아를 뜻하는 라틴어 루테니아에서 유래했다. 만년필의 펜 촉으로도 쓰이는 이 원소의 이름은?

QUIZ 31

이 원소는 전지를 만들거나 도금을 할 때 사용된다. 이 원소가 사람의 신장에 쌓이면 뼈가 약해지는 병에 걸리게 된다. 1817년 독일의 슈트로마이어가 발견한 이 원소의 이름은?

QUIZ 32

1782년 오스트리아의 뮐러가 발견한 이 원소은 은회색의 고체로 DVD의 기억소자를 만들거나 녹색 발광 다이오드를 만드는 데 사용된다. 지구를 나타내는 라틴어에서 유래된 이 원소의 이름은?

ANSWER

30 루테늄 31 카드뮴 32 텔루륨

QUIZ 33

이 원소는 1839년 스웨덴의 모산데르가 발견했다. 이 원소는 탄소 아크 조명의 전극이나 라이터 돌 등에 사용된다. 이 원소의 이름은 '숨는다'라는 뜻을 가진 그리스어에서 유래했다. 이 원소의 이름은?

QUIZ 34

이 원소는 강력한 영구자석의 재료이며 자동차 와이퍼를 만드는 데 사용된다. 1885년 오스트리아의 벨스바흐가 발견한 이 원소의 이름은 새로움을 뜻하는 라틴어와 쌍둥이를 뜻하는 라틴어에서 유래되었다. 이 원소의 이름은?

QUIZ 35

이 원소는 1947년 미국의 마린스키, 글렌데닌, 커리엘이 발견했으며 대부분 인공 방사선 원소이고 천연으로는 아주 작은 양이 우라늄 광석에 존재한다. 이 원소의 이름은 그리스 신화의 프로메테우스에서 유래했다. 이 원소의 이름은?

ANSWER

33 란탄 34 네오디뮴 35 프로메튬

1869년 프랑스의 드마르세이가 발견한 은백색의 이 원소는 컬러텔레비전의 붉은 색 형광체나 형광잉크 등에 사용된다. 유럽대륙의 이름에서 유래된 이 원소의 이름은?

ANSWER

36 유로퓸

MEMO

자연과학시리즈 • 3

퀴즈 화학의 역사

초판 인쇄 / 2014년 5월 10일
초판 발행 / 2014년 5월 15일

지은이 / 정완상
펴낸이 / 오판근
펴낸곳 / 교우사
출판등록 / 1994년 3월 24일 제6-0256호
주소 / 서울특별시 동대문구 약령시로 8 교우빌딩 2층
전화 / 02)925-2861(代), 02)925-2825(편집부)
팩스 / 02)925-2860

E-mail / kyowoo@kyowoo.co.kr
http://www.kyowoo.co.kr

ISBN 979-11-251-0037-9 (04400)
979-11-251-0034-8 (세트)

값 10,000원